你努力赚钱的样子，虽狼狈但很美

大河向东——编著

北方妇女儿童出版社
·长春·

图书在版编目（CIP）数据

你努力赚钱的样子，虽狼狈但很美 / 大河向东编著
. -- 长春：北方妇女儿童出版社，2019.7
ISBN 978-7-5585-3293-1

Ⅰ. ①你… Ⅱ. ①大… Ⅲ. ①人生哲学－通俗读物
Ⅳ. ①B821-49

中国版本图书馆CIP数据核字（2018）第301493号

你努力赚钱的样子，虽狼狈但很美

NI NULI ZHUANQIAN DE YANGZI, SUI LANGBEI DAN HENMEI

出版人　刘　刚
策划人　师晓晖
责任编辑　关　巍
排版制作　尚唐一品
开　本　880mm × 1230mm　1 / 32
印　张　7
字　数　120千字
版　次　2019年7月第1版
印　次　2019年7月第1次印刷
印　刷　阳信龙跃印务有限公司
出　版　北方妇女儿童出版社
发　行　北方妇女儿童出版社
地　址　长春市龙腾国际出版大厦
电　话　总编办：0431-81629600
　　　　发行科：0431-81629633

定　价　32.00元

前言

当今社会上越来越多的人通过各种方式，实践着、记录着各自奋斗故事。无论是追求名利，还是物质享受，在这条路上虽然有人走得顺利，有人走得辛苦，但无论再辛苦再狼狈，我们也只是为了美好的生活和梦想在奋斗，这一切都无可厚非。

我们靠自己的勤劳和智慧，用自己的双手创造属于自己的生活，那就是世间最美丽的风景，哪怕是一身疲惫、狼狈的背影也是这世间最美的背影。本书通过一例例小故事从不同角度去诠释我们奋斗的样子，虽然经历了风风雨雨，有苦有甜，但它是最美的。

有一个骑着三轮车捡垃圾的老人，人们出门很早的时候会看到他，人们加班很晚回来的时候也会遇到他，不管是烈日炎炎的夏天还是大雪纷飞的严冬，他总是骑着那辆破旧的三轮车辗转在各个垃圾箱之间，不厌其烦地寻找着纸箱、矿泉水瓶之类能卖钱的所有东西，因为他有一个孙子还要靠他来养活。

老人是跟着他的儿子一起从外地来打工的，老伴已经去世，儿子夫妻在农贸市场里租了一家烙饼的摊位，起早贪黑。老人在家做饭、照看6岁的孙子，一家四口住在租的房子里，也还算其乐融融。可天有不测风云，儿子在一次修理店内的电线时，不幸触电身亡，这个家一下子就好像天塌了一样。雪上加霜的是，随后儿媳也在某一天不告而别，扔下了年幼的孩子和年迈的老人，消失得无影无踪。

烙饼的摊子是干不下去了，眼看着房租，甚至祖孙的吃饭都成了问题，老人就带着年幼的孙子开始出去捡垃圾卖钱来维持生计，可能是连老天也同情祖孙二人的处境吧，老人后来遇到了一个事业有成的好心人，给他租了一套房子，一传十，十传百，住在周围的人也知道了老人的事情，纷纷伸出援手，有的人捐钱，也有的人在节假日送点米面粮油什么的，周围的人也自发地将家里要扔的东西，主动放到他家的门口，让老人卖了换钱。

一晃两年过去了，孙子也到了上学的年龄，所属的小学听说了他家的情况，给免了学杂费，资助他的好心人们也一直都在资助着他们，老人还是一年四季不停地捡着垃圾，老人说：年龄大了工作不好找，再说要接送孙子上下学，还要给孙子做饭，时间也不行，只有这个最合适了，虽然脏一点累一点，但我不在乎，我什么苦都能吃，也顾不了那么多了。

老人说：别人对我们好，是人家人好心肠好，看我们两个可怜，但我们不能仗着可怜就希望人家永远都对我们好，我们还是要自己赚钱更重要，趁着我还能动，我要给孙子多攒点钱。现在上小学，学校看我们困难不用花钱，将来孩子还要上初中、高中、大学，一定会用很多钱的。我们现在连住的房子都是好心人给租的，可我们不能指望别人以后一直帮助我们，我也要对我们自己以后的生活负责，我要靠自己的力量撑起我们的生活。

其实，生活中的我们，拼命赚钱的样子就像故事中的老人一样，虽然看上去很辛苦，甚至有些狼狈，但是，他这种努力靠自己的样子是最值得敬佩的，是一道最亮丽的风景线。

钱是死的，而人是活的，活的人为了死的钱去拼命看似悲哀，但这恰恰是人的伟大之处。当今社会，每个人都在接受着来自生活的各种不易的洗礼，有些时候，有些事终究还是要靠自己的努力去解决，靠自己奋斗得来的我们心里更轻松、更自在，也更踏实，凡事靠自己，连说话都是底气十足，你拼命赚钱的样子虽然狼狈，但你自己靠自己的样子真的很美！加油！我们的明天会更好！

目 录

第一章

努力前行，何必在意那些不好听的声音

你努力奋斗的样子，虽狼狈但很美

通常情况下，贫穷带给我们的是肉体上的痛苦，而耻辱带给我们更多的是精神上的折磨。在生活中，每个人或多或少都经历过一些被视为耻辱的事。它好像扎进肉里的刺，轻轻地碰一下都会让人疼得倒吸一口气。但耻辱也并不是一点好处都没有，那些熟悉并且懂得利用它的人会发现：它就像一把双刃剑，挑战与机遇并存，障碍和锻炼同在。

美国前总统富兰克林·D. 罗斯福一直被视为美国历史

上最伟大的总统之一，是20世纪美国最受民众期望和爱戴的总统，也是美国历史上唯一连任4届总统的人，任职长达12年。他是身残志坚的代名词，也是最敢于面对自己耻辱的人。

罗斯福在中年时患了小儿麻痹症，那时他刚好当选参议员，在政坛上可谓炙手可热，突如其来的打击，让没有受过太大挫折的罗斯福差点有了退隐田园的念头。

最初，罗斯福根本动不了身，必须坐轮椅，但很快他就讨厌了整天依赖别人将自己从楼上抬上抬下。于是，他每天晚上偷偷练习。一天，罗斯福告诉家人，说他发明了一种上楼梯的方法，要演示给大家看。他先用手臂的力量把身体撑起来，挪到台阶上，然后再把腿拖上去，就这样一级一级台阶地艰难地爬着。罗斯福的母亲对他说："你这样在地上拖来拖去，让别人看见了多难为情啊。"没想到，罗斯福毅然决然地说："我必须面对自己的耻辱。"

人的很多本性只有在遭受巨大打击和刺激的情况下才会显露出来。比如受到他人的否定和嘲笑，或者自己的做事能力不如他人被领导批评，这时，人的内心就会有一种耻辱感，而这种耻辱感会产生新的动力，让人用尽全力去做以前不曾做到的事情。

道格拉斯·麦克阿瑟是"二战"中最耀眼的五星上将之

一。他戎马一生，先后参加过两次世界大战，39 岁就出任西点军校校长，被誉为“西点之父”；50 岁时又成为美军历史上最年轻的陆军参谋长。而他一生中最荣耀的时刻，是他以盟军总司令的身份主持了日军投降仪式。当他在日军投降书上签名时，竟同时掏出了 5 支钢笔。在如此庄重的场合，他为何会做出如此奇怪的举动？因为在麦克阿瑟心里有一个永远的痛！

1941 年底，日军偷袭珍珠港，太平洋战争从此爆发。时任美军总司令的麦克阿瑟驻守菲律宾，率部队与日军顽强作战，由于美国在战争初期准备不足，加上敌众我寡，无法抵挡日军潮水般的攻势，败局几乎已定。麦克阿瑟誓与菲律宾共存亡，甚至连自杀用的手枪都准备好了，可是美国政府不想因此而失去一员大将。次年 3 月，在罗斯福总统的再三催促下，麦克阿瑟只好孤身撤离了菲律宾，前往澳大利亚接管西南战区。

一个月后，菲律宾全境沦陷，9 万名美军被迫向日军投降，麦克阿瑟的爱将温赖特将军和英军司令亚瑟将军同时被俘。这是美军历史上规模最大的一次缴械投降，更是麦克阿瑟军旅生涯中的一次耻辱。

在澳大利亚，麦克阿瑟依然受到英雄般的欢迎，毕竟他率领美军英勇抵抗了日军那么长时间。然而，他心中一刻也没有忘掉在菲律宾遭受的奇耻大辱。他对新闻记者说：“现在我出来了，但我还会回去的！”当时战局不利，美军上下都笼罩在悲观之中，这句话极大地鼓舞了人们抗战的信心。有人向他建议，最好能改成“我们将会回去”。但是麦克阿瑟拒绝了，坚决地说：“不，不是我们，而是我将会回去。”他决心要独自承担失败的耻辱。

雪耻的时刻终于到来。1944 年 10 月 20 日，麦克阿瑟亲率 28 万大军在菲律宾莱特岛实施登陆作战。美军刚刚占领滩头阵地，麦克阿瑟早已迫不及待地换上一身崭新的卡其布军装，冒着枪林弹雨，蹚过没膝的海水上了岸。这时，天上下起了倾盆大雨，有人为他打伞，被他拒绝。他站在雨中发表了讲话：“菲律宾人民，我——美国陆军五星上将道格拉斯·麦克阿瑟回来了！”在他脸上恣意流淌的，已分不清是雨水还是泪水，为了这一天，上将已等得太久了！

1945 年 9 月 2 日上午，日本东京湾上空阴云密布，美军密苏里战列舰上却彩旗飘扬，一派欢腾，盟军总司令麦克阿瑟将在此主持日军投降仪式。中、苏、英、法等盟国代表及各国记者均已到场，在庄严激昂的军乐声中，麦克阿瑟登上军舰，在他身后，肃立着温赖特将军和英军司令亚瑟将军。两人当年在菲律宾战败被俘后，一直被囚禁在中国沈阳的日军战俘营，麦克阿瑟专门派人把他们接到了密苏里战列舰上。他紧紧拥抱着自己的爱将，动情地说：“当年我交给你们一个烂摊子，我却独自抽身而退，你们才是真正的英雄！”两位将军感动得热泪盈眶。

麦克阿瑟首先命令日本代表在投降书上签字，然后坐下，同时掏出了5支钢笔：首先签下了自己名字的头4个字母“Doug”，把第一支钢笔赠给了温赖特将军；然后换了第二支钢笔签下“las”，回头赠给了身后的亚瑟将军；接着用第三支钢笔签下了自己的姓“Macarthur”，这支钢笔赠给了美国国家档案馆收藏；最后两支钢笔签下了他的官衔——盟军总司令，分别赠给了他的母校西点军校和爱妻。

曾经看到一幅很有意思的对联：你无法改变天气，却可以改变心情；你无法控制别人，但能够掌握自己，横批是：操之在我。意思是说，要把负面的情绪升华为奋斗的动力。人是种很奇怪的动物，在受到羞辱之后，才会激发起图强的决心和勇气，重新认识自己，重新回顾自己以前犯下的错误。

无数事实表明，成功不是唾手可得的，凡心浮气躁的人是很难成就一番大事业的。但凡成功者，肯定都有一颗坚忍的心，这颗心足以抵挡外界对自己的一切羞辱和不屑，能够摒弃对自己不利的浮躁情绪。他们会为了最后的胜利，忍受常人无法忍受的事情，做常人做不到的事情，他们会默默地积蓄力量，以坚韧不拔的精神，在任何的尴尬和艰难中都能冷静地审时度势，默默地等待时机，以达到最终的目标。

勾践被夫差打败后，不仅丢了王位，还沦为夫差的仆人。夫差经常让勾践做一些很低贱的事情，想借此羞辱他，但是勾践表面上表现得并不在意，一直默默忍受着。

有一次夫差生病了，勾践为了麻痹夫差竟主动要求亲口尝夫差所拉的粪便。此举让夫差既惊讶，又感动。勾践正是这样忍辱负重，牺牲自己的尊严，才让夫差放松了戒备之心。他经过“十年生聚，十年教训”的艰难奋斗和悉心准备，最后一举灭掉吴国，成为春秋时期的最后一位霸主。

一般人想到羞辱，就觉得它是让人难以忍受的。殊不知，正因为难以忍受，所以必须要洗刷曾经的不光彩，否则以后就很难再挺起腰杆了。这种强烈的欲望，往往会成为我们奋斗的动力。如果奋斗成功了，那么耻辱就会被抵消，我们也可以扬眉吐气。当我们再次扬帆远航时，曾经经历的耻辱，像露出了海面的礁石，能让我们吸取经验和教训，规避不必要的失误。

智慧锦囊

能忍耐的人才能达到他所希望达到的目的。

——富兰克林

无伤大雅的流言，任它去

人的一生中都或多或少要面对各种的流言蜚语，心胸豁达的人可能不会过于介怀，却也不得不承认流言具有一定的影响力；而更多的人可能会为此感到十分苦恼，甚至受到严重的心理创伤。

富弼是宋代的宰相。年轻时，有人告诉他：“某某骂你。”富弼说：“恐怕是骂别人吧。”这人又说：“叫着你的姓名骂的，怎么是骂别人呢？”富弼说：“恐怕是骂与我同名字的人。”

据说，那人骂他的人，听到这事以后，自己惭愧得不得了。为什么惭愧呢？因为富弼人格表现上庄矜自重的优势令他自惭形秽。

其实，生活中大多数的流言并非来自恶意伤害我们的敌人，而只是人们闲暇时的一种游戏。既然如此，我们何必为它惶恐不安？倒不如左耳进右耳出，以从容的心态去对待，实在不乐意听的，就设法去改变吧，“游戏”而已，换一种玩法，并非多么困难。

很久以前，有一个自卑的小男孩，他的后背上有道非常明显的暗红色的疤痕，很长且扭曲着，从脖子一直到腰，连他自己看到都觉得害怕。他讨厌自己，更害怕换衣服。尤其在学校的体育课上，其他孩子都很高兴地换上运动服，可是他只能偷偷地躲在角落里，把后背贴着墙壁，用最快的速度换上运动服，生怕别人看到他的后背。可是，时间久了，还是被发现了。

“你是个怪物！”“我们再也不和你玩了！”“你的背好恐怖啊！”这些看似无心的话，却伤人最深。小男孩哭着跑出教室。他开始讨厌学校，尤其是体育课，特别是换衣服的时候。

后来，小男孩的妈妈带着他来到学校找班主任，班主任是一位年逾四十、很和蔼的女老师，她听小男孩的妈妈讲述了他的故事。

原来男孩很小的时候生了重病，父母本来想放弃，可是不忍心，一个生命怎么能就这么放弃呢？于是，妈妈哭着和爸爸说，一定要把孩子救活。好在爸爸是很厉害的大夫，通过手术挽救了孩子的生命，虽然生命得救了，可是这条疤痕却除不掉了。

妈妈对小男孩说：“让老师看看！”小男孩有所迟疑，但还是脱了上衣。看到疤痕的那一刻，老师惊诧了，她心疼地问：“现在还疼吗？”小男孩摇摇头。孩子真的很乖，老师其实很喜欢他。老师摸着他的头对他说：“我一定会想办

有传播流言的人都在进行着自欺欺人的心理暗示，他们在内心希望事情是这样的，渐渐地，连自己都相信自己所说的“流言”了。由此可见，面对流言，我们并非是只能消极地承受，而是可以用积极的态度、有效的方法，通过改变“土壤”来争取我们想要的结果。

智慧锦囊

流言本是畜类的武器，鬼蜮的手段，实在应该不信它。

——鲁迅

反观心灵地图，激发无限潜能

法国心理学家约翰·法伯做过一个著名的实验，称之为“毛毛虫实验”：把许多毛毛虫放在一个花盆的边缘上，使其首尾相接，围成一圈，在花盆周围不远的地方，放一些毛毛虫喜欢吃的松叶。开始时毛毛虫一个跟着一个，绕着花盆的边缘一圈一圈地爬。一小时过去了，一天过去了，又一天过去了，这些毛毛虫还是夜以继日地绕着花盆的边缘转圈。一连走了七天七夜，它们最终因为饥饿和精疲力竭相继死去。

约翰·法伯在做这个实验前曾设想：毛毛虫会很快厌倦这种毫无意义的绕圈而转向它们比较爱吃的食物。遗憾的是毛毛虫并没有这样做。导致这种悲剧的原因在于毛毛虫习惯于固守原有的本能、习惯、先例和经验。这就是令人无奈的“毛毛虫效应”。

你是那只守旧的毛毛虫吗？

首先，用这样一个问题问问自己。你能够跳多远？相信你在回答这个问题时一定会先想一想，自己从前的体育测验成绩是多少？现在要在什么样的场合下测试？自己稳扎稳打能够保持的纪录怎么样……

如果你这样想了，很抱歉，你很可能是一个安于现状、

缺乏勇气的人，也就是那只守旧的毛毛虫，最起码，你是一个以过去判断未来的人，是一个缺少创新的人。

为什么这么说？因为你总是根据过去的表现来推断未来，那么试问，哪一天你才能够打破现状，实现突破呢？如果你无法预见内心深处的爆发力，只在原有的范围内画圈圈，那么你的人生注定平凡无奇，因为在因循守旧的过程中，你失掉了开发内心潜力的机会。

有时候，并不是习惯让我们丧失了改革的动力，也不是守旧桎梏了我们创新的灵魂，而是我们太过于相信别人告诉我们的，以为那就是真理。一旦这种思维成为定式，那么我们就变成了一只跟屁虫，不会动脑子想想有什么可以突破的。

哈佛商学院的教授做过这样的一个试验。他将同样的一张图片分给两组学生，然后告诉其中一组，画上是位妙龄少妇；却告诉另一组，画上是位老妇。20秒过后，他将图片收回，接着再用幻灯片展示图片上的图案给所有学生，让大家描述这位女子。

结果，事先看过少妇像的，几乎一致认定这就是那位少妇；而事先看到老妇像的，也都认为是位老妇。

经过一番争论，双方僵持不下。在一一讨论画中的每个细节后，他们开始接受对方的观点。但基本上，他们所接受的仍是观看卡片时所得到的印象。

20秒钟形成的第一印象足以影响人们对事物的看法，一旦形成了思维定式就很难改变。试想，人的一生中，家庭、学校、工作环境、亲友同事、宗教以及流行思潮均在不知不觉中影响着我们，这样长期的影响对我们的思维又会有怎样的影响呢？

答案是不言而喻的。我们可以把思维比作地图。地图并不代表一个实际地点，只是告诉我们有关地点的一些信息。思维也是如此，它不是实际的事物，而是对事物的诠释或理论。

人的思维定式是制约潜力发挥的重要因素，潜力的挖掘，就是要打破思维定式，克服自己的习惯思维。我们头脑中存在许多固有观念，影响着我们的言行和人生选择。很多时候，我们只是一味信任自己的固有观念，没有去换一种方式看问题，久而久之，我们的潜力就被限制了。

我们的思维决定了我们的行动，但是一个人的思维却又永远脱不开第一印象的深刻影响，如果我们把自己定位在一个固定的角色中，是很难再去挖掘自己的潜力的。我们根据以往所知所感作出的评价，未必就一定是正确的，而正是这种评价阻碍了我们前进的步伐。有时候，这种评价也体现在我们对未知世界的评估，难还是易、胜算大还是不乐观，等等。这些先入为主的评价制约了我们的能力。

科学家将猴子关在笼子里，顶部挂着一根香蕉，但是只要有猴子伸手去抓香蕉，就会有高压的水柱击打所有的猴子。渐渐地，笼子里的猴子都知道了不能抓顶部的香蕉，否则就会有高压水伺候。

然后科学家又放进去一只猴子，当这只新来的猴子想要伸手去抓香蕉的时候，所有的猴子一起扑过去把它揍了一顿。渐渐地，新来的猴子也知道了“规矩”。

在这个例子中，猴子是愚蠢的，被自己的习惯思维束缚住了。所以它们也许永远都没有机会品尝到那根挂在顶部的香蕉。那么人呢？人是不是也经常犯这样的错误呢？一旦认为某件事情是不可做的，就不愿去尝试，害怕付出代价。而实际上，很多事情并没有我们想象的那么难以完成，关键在于我们是否有决心去涉足这个未知领域。如果我们能够大胆地迈出第一步，就相当于打开了挖掘自身潜力的大门。

如果你能够打破习惯的步骤和先入为主的成见，那么，恭喜你，你已经具有开发潜力的基础了。开发潜力的第一步，就是给自己一个目标，给自己一个理由去争取，这样才能激发出战斗的状态，将不可能变成可能，将超越变成使命。

人的头脑中存在很多地图，我们习惯性地将这些地图作为指引，从未考虑过这些地图是不是自己需要的，想当然地以为自己看到的就是我们真正需要的信息，没有考虑这个表象下面是不是还存在其他可能性。就像乍到一个陌生地方，如果带错了地图，难免会走冤枉路。同样地，若想挖掘潜力，但着力点不对，徒然白费工夫，与初衷背道而驰。

有人经常把“只问耕耘，不问收获”作为自己的借口。但是这样的态度只有在方向正确的前提下才是有意义的，方向错了，只会让你南辕北辙，再多的努力也是白费。

所以，要挖掘自身的潜力，首先要找对方向，对自己有深入的了解。认识自己的心灵地图对于挖掘自己的潜力是非常重要的，认识自己的心灵地图能够让自己避免因为自己习惯性的主观思考而放弃了客观存在。无论我们是要追求事业上的成功，还是感情的丰富，都要不时地反观自己的心灵地图，因为往往有许多条我们从未尝试的道路可以带我们走向成功的终点。

一名音乐系的学生走进练习室。钢琴上摆放着一份全新的“超高难度乐谱”，他翻动着乐谱，喃喃自语，感觉自己对钢琴的信心似乎跌到了谷底，消磨殆尽。

弹奏已经3个月了，自从跟了这位新的指导教授之后，他不知道，为什么教授要以这种方式整人？勉强打起精神，他开始用10根手指奋战、奋战、奋战！琴音盖住了练习室外教授走来的脚步声。

指导教授是位极有名的钢琴大师。他给自己的新学生一份乐谱，“试试看吧！”他说。乐谱难度颇高，学生弹得生涩僵滞，错误百出。

“还不熟，回去好好练习！”教授在下课时，如此叮嘱学生，学生练了一个星期，第二周上课时正在准备中，没想到教授又给了他一份难度更高的乐谱：“试试看吧！”上星期的功课教授提也没提。

学生再次挣扎于更高难度的技巧挑战。第三周，更难的乐谱又出现了。同样的情形持续着，学生每次在课堂上都会收到一份新的乐谱，然后把它带回去练习。接着再回到课堂上，重新面临难上两倍的乐谱，却怎么样都追不上进度，一点也没有因为上周的练习而有驾轻就熟的感觉，学生感到越来越不安、沮丧及气馁。

当教授走进练习室时，学生再也忍不住了，他必须向钢琴大师提出这三个月来何以不断折磨自己的质疑。教授没开口，他抽出了第一份乐谱，交给学生："弹奏吧！"他以坚定的眼神望着学生，不可思议的事发生了，连学生自己都讶异万分，他居然可以将这首曲子弹奏得如此美妙、如此精湛！教授又让学生试了第二堂课的乐谱，学生仍然有着高水平的表现。演奏结束，学生怔怔地看着老师，说不出话来。

"如果，我任由你表现最擅长的部分，可能你还在练习最初的那份乐谱，而不可能有现在这样的水平。"教授缓缓地说。

人往往会存在这样的恶习，总是习惯于表现自己所熟悉、擅长的领域，对于自己未曾尝试的东西总是带有一种排斥感，没有勇气尝试，害怕出丑。但是如果我们只是一味地停留在自己最擅长的领域，而不去勇于突破，那么我们的水平将永远得不到提高，我们的潜力永远无法被挖掘出来。仔细回想，自己能力的提升过程不正是在看似紧锣密鼓、难度渐升的工作中慢慢积累起来的吗？

人的无穷潜力蕴藏在人的身体内部，这种巨大的潜力必须靠人们从自身内部自动地激发才能发挥出来。为此，要以人的内因为根据，发挥人的自发作用，自觉自动地去自我启迪、自我激励、自我挖潜、自我教育、自我修养、自我开拓、自我发挥，之后才能够自我创造。

善于自我创造的人能够使自己成为发挥主体作用能力的人，无论社会具有什么发展变化、自己处在什么环境之中、原来的基础如何、正在从事什么工作、机遇是否到来、面对什么艰难险阻等，都能够从实际出发，全面而正确地驾驭自身从而最有成效地通往成功的彼岸。

智慧锦囊

成功取决于思想和信念。

——拿破仑·希尔

别让轻视成为一种阻力

俗话说，“道不同，不相为谋”，如果对方与人交往的目的是想捞取个人好处，若因你对他没有利益，他就轻视你，如此这般趋炎附势、阿谀献媚的人，你最好不要与他相处。如果你不得不与这种人打交道，或者他是你的朋友，或者他和你是同事，你最好想办法远离他。当你暂时无法摆脱这个人的冷眼相待时，也大可不必灰心丧气，努力挖掘自己的潜力，尽量发挥自己的长处，把个人闪光的一面展示给大家，提高自己的威信，也许这个人会渐渐改变对你的看法。

还有句话说，“这世上只有一件事比被人议论更糟糕，那就是不曾被人议论过”。诚然，在人生的路上，每个人都曾受到别人的轻视，或有心或无意，对那些缺乏自信的人来说，轻视是对他的一种藐视，是一种阻力，很多人就此萌生退意。然而对那些永不放弃梦想和希望的人来说，这种轻视，无疑会变成一种鞭策自己更加努力的动力。

中国著名男演员陈坤讲述过一个关于自己的故事。

我刚有点名气的时候，有一次参加一个国际电影节，在后台遇见一个很有地位的女演员。我上去很有礼貌地跟她握手说：“你好，我是陈坤，很高兴认识你。”那个女演员在我说完这句话之后，缓缓地转身，轻描淡写地瞟了我一眼，冷冷地“哼”了一声。我至今都记得她“哼”的那一声，要多冷有多冷。

我笑了笑没说话就离开了。我面不改色地往前走，大家看到的依然是一个平静淡定的陈坤，其实我心里已经翻了好几遍憎恨、愤怒。

那一刻，我在心里狠狠发誓：等着瞧！我有一个不太好的毛病叫“记恨”，那件事让我记恨了很多年。那种刻骨铭心的憎恨和愤怒一直憋在我心里，化成一种动力，催促我不断地强大，成为今天的陈坤。所以，从某种意义上讲，恨是一把双刃剑，它既能伤害你，也是你成长的动力。多年之后，当我凭借认真演戏在业内获得一点肯定，成为具有一定专业的演员之后，有一天我突然发现，我理解了那个女演员。她那种轻蔑的眼神，其实是对那类凭人气蹿红，却无实力演员的蔑视和不认可。回想那时的我，的确没什么演技，但人气突然很旺，有点飘飘然。也许在那个女演员心里，我是一个靠脸蛋成名的空架子，一个所谓的偶像，从那时起，我深知，一个演员如果想在业内得到足够的尊重，一定要靠人品、靠实力，而不是人气。

今天，我有时还会在公开场合与那个女演员见面，记恨的情绪已经完全没有了，甚至我在内心深处非常感激她曾经对我那轻蔑的一瞥。虽然当年她并非有意帮我，但那个无心插柳的冷漠眼神激励我走到今天。假如现在有一个没有实力但人气很旺的明星，在我面前“嘚瑟”，我依然很不给面子。如果对方也因为心中受挫，发奋图强，能够把我的冷漠变成他成长的动力，也未尝不是一件好事。

一直以来，轻视与被轻视都是对立存在的，有钱人轻视没钱人，高学历轻视低学历，白领轻视工人，其实，没有人愿意被别人轻视，那些轻飘飘的冷漠目光，总能让人感受到森森的恶意，人与人之间的误解以至怨恨也就此产生。

人生在世，我们的每一点进步都希望得到他人的认可与肯定，谁也不愿意自己的热情之火被他人的轻视浇熄，同样，我们也不能轻视别人，因为每个人都有自己存在的价值。有时候，轻视别人可能还会给自己带来祸患。

唐朝的杨炎和卢杞两人同任宰相。杨炎善于理财，文才也好；而卢杞，除了巧言善辩，别无所长，但嫉贤妒能，使坏主意害人却是拿手好戏。两个人的外表也有很大不同，杨炎是个美髯公，仪表堂堂；卢杞脸上有大片蓝色痣斑，相貌奇丑猥琐。同在政事堂办公，一同吃饭，杨炎不愿与他同桌而食，经常找个借口在别处单独吃饭。有人趁机对卢杞挑拨说："杨大人看不起你，不愿跟你在一起吃饭。"卢杞自然怀恨在心，便先找杨炎下属官员过错，并上奏皇帝。杨炎因而愤愤不平，说道："我的手下人有什么过错，自有我来处理。如果我不处理，可以一起商量。他为什么瞒过我，暗中向皇帝打小报告？"

两个人的隔阂越来越深，常常是你提出一条什么建议，我偏偏反对；你要推荐一些人，我就推荐另一些人，总是对着干。

当时，有一个藩镇割据势力梁崇义发动叛乱，德宗皇帝命令另一名藩镇李希烈去讨伐，杨炎不同意，说："李希烈这个人，杀害了对他十分信任的养父而夺其职位，为人凶狠无情，没有功劳却傲视朝廷，不守法度，若是在平定梁崇义时立了功，以后更不可控制了。”

德宗已经下定了决心，对杨炎说：“这件事你就不要管了！”杨炎却不把德宗的决定放在眼里，一再表示反对，这使对他早有不满的皇帝更加生气。

不巧赶上天下大雨，李希烈一直没有出兵，卢杞看到这是扳倒杨炎的好时机，便对德宗皇帝说：“李希烈之所以拖延不肯出兵，正是因为听说杨炎反对他，陛下何必为了保全杨炎的面子而影响平定叛军的大事呢？不如暂时免去杨炎宰相的职位，让李希烈放心，等到叛军平定以后，再重新起用，也没有什么大关系！”

这番话看上去完全是为朝廷考虑，也没有一句伤害杨炎的话，卢杞排挤人的手段就是这么高明。德宗皇帝果然信以为真，于是免去了杨炎宰相的职务。

从此卢杞独掌大权，杨炎可就在他的掌握之中了，他自然不会让杨炎东山再起，便找碴整治杨炎。杨炎在长安曲江池边为祖先建了座祠庙，卢杞便诬奏说：“那块地方有帝王之气，早在玄宗时代，宰相萧嵩在那里建立过家庙，玄宗皇帝不同意，令他迁走；现在杨炎又在那里建家庙，必定是怀有篡位的野心！”

早就想除掉杨炎的德宗皇帝便以卢杞这番话为借口，先将杨炎贬至崖州，随即将他杀死。

杨炎有些刚愎自用，把对卢杞的蔑视表现在明处，最终被卢杞所害，这实在值得警诫。

人生在世，难免被人轻视，我们要将这种轻视化为动力，同样，也不能轻视别人。

智慧锦囊

一个人在世界上受到重视或轻视；取决于他的行动，取决于他自己。

——佚名

第二章
苦难是弱者的深渊，强者的财富

学会认输，不做没有结果的坚持

在人们的固定思维中，认输的人都不是好样的，特别是当我们听多了永不言败、百折不挠、坚定不移等词语后，更是没有人会认同认输的人了。虽然在生活中不认输的精神很可贵，但是不认输并不适用于任何时候，在很多特殊的背景下，认输才是最佳的选择。只有懂得低头，懂得认输，学会认输，才能笑到最后，成为最后的赢家。

中国人都很爱面子，特别是喜欢在输赢上较真。一场战争打赢了谁不高兴？输的一方一定会沮丧、失望、伤心，比如“力拔山兮气盖世”的项羽，在兵败乌江后选择了自刎，那是因为他知道战败被俘的结果，无非是悲惨的余生，反而不如一死清白。李清照曾这样夸赞项羽：“生当作人杰，死亦为鬼雄。至今思项羽，不肯过江东。”

然而杜牧对项羽自刎乌江却有着不同的看法，他说：“胜败兵家事不期，包羞忍耻是男儿。江东子弟多才俊，卷土重来未可知。”如果当时项羽兵败后没有自刎，选择逃往江东，最后赢得天下的还会是刘邦吗？历史没有假设，这真的很难说清。因此，我们在人生的道路上，失败后一定要从长计议，学会认输。

曾经有一位医术高超的医师，他在第一次高考后不肯认输，又复读了一年，结果第二次高考仍然以失败告终。两次落榜后，他认真地对父母说：“也许我并不是读书的料，所以总是落榜，如果再继续考下去，我觉得也没有什么好结果。不如就让我认输吧，然后走行医的道路。”经过深思熟虑后，父母同意了他的想法，他开始跟着祖父学习祖传的推拿按摩技术，诊治跌打损伤。

几年之后，他顺利地考取了执业医师证，并且在中医疗法诊治骨伤方面，取得了重大成就。他说：“如果没有在高考时的认输，也就没有现在我的成就。如此看来，只有学会认输，才能让我们在人生的旅途中成为最终的赢家。”

认输就是适时地放弃，放弃那些不合适的才能做出更正确的选择，才会有机会取得其他方面的成功。这样的放弃，为的是得到更多，为的是酝酿新一轮的成功，而绝不是三心二意。

学会认输，能让我们不再做没有结果的坚持，能让我们避过没有意义的争论，从而做到以退为进，在转弯后赢得胜利。学会认输，并不是盲目地放弃，而是要认真想清楚每一步。适时的认输并不是懦弱的表现，也不是轻易地做出妥协，因为在生活中任何人都会遭遇失败，如果死不认输只会使自己陷入举步维艰的境地。

其实，有时认输会让人无法接受，因为在人们固有的认识中，只有弱者才会认输，谁愿意承认自己是个弱者呢？即使有永不言败的信念，也应该明白有时这种信念是行不通的，一味地不肯认输，只会让自己失败得更彻底 。

有一种生活在亚马孙热带丛林中的蜂鸟，它们有一种家规，即只准前进不准后退。一旦有弱小的蜂鸟向后退缩，就会遭受其他蜂鸟的攻击，最终被同类活活地啄死。在整个丛林中，所有的动物都不敢欺负这种蜂鸟，因为它们只要有想吃的食物，就一定会得到。

在一次森林大火中，烈火燃烧了蜂鸟的大片领地，蜂鸟们悲愤地发出阵阵鸣叫。按照蜂鸟王的指挥，一群群的蜂鸟向烈火中冲去，死在了无情的火中，但是却没有一只蜂鸟临阵退缩。

就在蜂鸟群面临灭族之时，有一只蜂鸟害怕了，它尝试着退缩，但是却被蜂鸟王发现了。蜂鸟王立即指挥其他蜂鸟攻击了那只退缩的蜂鸟，然而其他蜂鸟却并没有行动，甚至还有一小部分的蜂鸟像那只蜂鸟一样退缩了，蜂鸟王的命令失效了。

在那场大火中，蜂鸟几乎受到了灭顶之灾，蜂鸟王和大多数蜂鸟都死在火中，只有当时退缩的那一小部分蜂鸟活了下来，延续了蜂鸟族。如果当时没有那只肯退缩的蜂鸟，如今蜂鸟族也不可能存在。

只有认输才能够保留实力，一位拳王曾经说："任何拳手都不可能打败所有的对手，而优秀的拳手知道在恰当的回合认输。因为及早认输下次还有赢的机会；如果逞能，被对手打死或打垮，那么连赢的机会都没有了。"

面对压力重重的生活，因为有竞争，所以难免会有明争暗斗。有时可能会遇到不怀好意的小人，看不得别人过得比自己好，对付这种人，只会使自己变得和对方一样狭隘、不择手段。与其浪费时间和精力作无谓的争斗，倒不如早早地认输，远离这些无意义的是非恩怨，保存实力用于正确的地方。

那么，我们要怎样做才是在合适的时间认输呢？

1. 学会认输

应该对面临的形势作出正确的判断。在形势还不明确的时候，不要轻易地做出选择。如果形势已经变得无力挽救，那就果断地认输吧！就好像拿鸡蛋碰石头，明知道要输，就不要再做无谓的牺牲了。

2. 认输后要尽快恢复正常的心态

当年经济危机爆发时，很多富翁在一夜之间破产，于是出现了一些富翁打工的报道。相信当那些曾经的富翁在深思熟虑后，必然会选择重新再来，而不是一直活在曾经的辉煌中。

要认清失败带来的不良影响，并且尽快摆脱，使自己的心态恢复到平常心。

3. 认输后，继续重来

参加围棋比赛的人经常会认输，输了再重来，然后在一次次的认输重来中，积累经验和教训，使自己进入更高的境界。

认输，是一种清醒而理智的行为，需要有面对失败的勇气，需要能够精确地分析眼前的形势，还需要对下一步作出正确的定位。人生在世，要想成为笑到最后的赢家，就要懂得认输，学会认输。

其实认输并不是一件丢面子的事，适时地认输反而是一种大智大勇的做法。当我们遇到困难和挫折，不得不去面对它们时，很多人都会尽力一搏，虽然这是一种很值得肯定的做法，但并不是所有的努力都会有好的结果。当事实已经摆在眼前，当失败已经成为定局，我们要学会低头认输，及时地改变自己的人生轨迹，去争取新的更合适的机遇和时间，这样才能够充分发挥自己的优势，争取更大的胜利。

智慧锦囊

世界上事事物物，都是不进则退，决无中立的余地。

——柳亚子

失败是成功路上必不可少的经验

世界上的第一辆火车与马车赛跑，竟然远远落在了马车的后面，这是一件多么失败的事情，但是火车的发明者史蒂芬逊并没有因此而放弃，他打起精神，不懈努力，对火车进一步改进，为后来创造出新型火车打下了基础。如果他因失败而放弃了，说不定今天我们还坐在马车上长途颠簸呢。

不必对失败避之唯恐不及。失败的背后，也会有灿烂的光芒。著名化学家欧立希经历了605次的失败，才发明了药物606；有“发明大王”之称的爱迪生，在一次发明创造的过程中失败了8000多次，但他仍乐观地说：“失败也是我所需要的，8000次失败，起码说明了我有8000个方法行不通。”

有个渔人有着一流的捕鱼技术，被人们尊称为“渔王”。然而“渔夫”年老的时候非常苦恼，因为他的三个儿子的捕鱼技术都很平庸。他向人诉说心中的苦恼：“我真不明白，我捕鱼的技术这么好，我的儿子们为什么这么差？我从他们懂事起就传授捕鱼技术给他们，从最基本的东西教起，告诉他们怎样织网最容易捕捉到鱼，怎样划船最不会惊动鱼，怎样下网最容易请鱼入瓮。他们长大了，我又教他们怎样识潮汐、辨鱼汛……凡是我长年辛辛苦苦总结出来的经验，我都毫无保留地传授给了他们，可他们的捕鱼技术竟然赶不上那些一般渔夫。”

一位路人听了他的诉说后，问道：“你一直手把手地教他们的吗？”

“是的，为了让他们得到一流的捕鱼技术，我教得很仔细、很耐心。”

“他们一直跟随着你吗？”

“是的，为了让他们少走弯路，我一直让他们跟着我学。”

路人说：“这样说来，你的错误就很明显了。你只传授给了他们技术，却没传授给他们教训。”

这个故事告诉我们，没有教训与没有经验一样，都不能使人成大器。所以在学习别人成功的经验时，还要吸取别人失败的教训。失败并不可怕，正确地认识它，就能使它成为通往成功路上的不可缺少的经验。没有任何一种幸福的人生不曾经历痛苦与磨难，没有任何一个巨大的成功不曾经历失败与挫折。成功者总是在经历了无数的失败后才找到了成功的方法。

有一个人以他的坎坷经历教会了我们如何面对人生，他经历多次失败：22 岁生意失败，23 岁竞选州议员失败，24 岁生意再次失败，25 岁当选州议员，26 岁情人去世，27 岁精神濒临崩溃，29 岁竞选州议长失败，34 岁竞选国会议员失败，37 岁当选国会议员，39 岁国会议员连任失败，46 岁竞选参议员失败，47 岁竞选副总统失败，49 岁竞选参议员再次失败，54 岁终于当选美国总统。这个人就是林肯，是美国历史上最伟大的总统之一。

有一个年轻人，从很小的时候起，他就有一个梦想，希望自己能够成为一名出色的赛车手。他在军队服役的时候，开过卡车，这对他熟练驾驶技术起到了很大的帮助作用。

退役之后，他选择在一家农场里开车。在工作之余，他仍一直坚持参加一支业余赛车队的技能训练。只要有机会遇到车赛，他都会想尽一切办法参加。因为得不到好的名次，所以他在赛车方面的收入几乎为零，这也使他欠下一笔数目不小的债务。

那一年，他参加了威斯康星州的赛车比赛。当赛程进行到一半多的时候，他的赛车位列第三，他有很大的希望在这次比赛中获得好的名次。

突然，他前面那两辆赛车发生了相撞事故，他迅速地转动方向盘，试图避开他们。但终究因为车速太快未能成功。

结果，他撞到车道旁的墙壁上，赛车在燃烧中停了下来。当他被救出来时，手已经被烧伤，鼻子也不见了。烧伤面积达40%。医生给他做了7个小时的手术之后，才使他从死神的手中挣脱出来。

经历这次事故，尽管他的命保住了，可他的手萎缩得像鸡爪一样。医生告诉他："以后，你再也不能开车了。"

然而，他并没有因此灰心绝望。为了实现那个久远的梦想，他决心再一次为成功付出代价。他接受了一系列植皮手术，为了恢复手指的灵活性，每天他都不停地练习用残余部分去抓木条，有时疼得浑身大汗淋漓，然而他仍然坚持着，他始终坚信自己的能力。在做完最后一次手术之后，他回到了农场，换用开推土机的办法使自己的手掌重新磨出老茧，并继续练习赛车。

仅仅在9个月之后，他又重返赛场！他首先参加了一场公益性的赛车比赛。但没有获胜，因为他的车在中途意外地熄了火。不过，在随后的一次全程200英里的汽车比赛中，他取得了第二名的成绩。

又过了2个月，仍是在上次发生事故的那个赛场上，他满怀信心地驾车驶入赛场。经过一番激烈的角逐，他最终赢得了250英里比赛的冠军。

他就是美国颇具传奇色彩的伟大赛车手——吉米·哈里波斯。当吉米第一次以冠军的姿态面对热情而疯狂的观众时，他流下了激动的眼泪。一些记者纷纷将他围住，并向他提出一个相同的问题：“你在遭受那次沉重的打击之后，是什么力量使你重新振作起来的呢？”

此时，吉米手中拿着一张此次比赛的招贴图片，上面是一辆赛车迎着朝阳飞驰。他没有回答，只是微笑着用黑色的水笔在图片的背后写上一句凝重的话：把失败写在背面，我相信自己一定能成功！

年轻人做事不要惧怕失败，要把失败看成人生的训练场，只要以明智的眼光去审视自己的失败，那么你就能从中获得成功的源泉与力量。如果你因为骄狂而失败，那它教你变得谦逊；你因为轻敌而失败，那么它教你学会谨慎；你由于自不量力而失败，它教你变得客观；你由于拒谏而失败，它教你学会尊重别人的意见。

智慧锦囊

在我年轻时，我所做的事，十中有九都是失败的，因为不甘于失败，我便十倍努力于工作。

——萧伯纳

让自己配得上那些所受的苦

心理学家法兰克尔说过：“活着就是要受苦，受苦是要找到受苦的意义。”

什么是受苦的意义呢？很多时候我们为了做成一件事，吃了许多苦，最后事情成功了，这个苦是有意义的，是有用功。还有很多人一直兢兢业业地工作，可是有一天却突然发现，自己的努力和获得的成绩根本不成正比。有的人更是一直在奋斗的征途中流汗劳碌，然而竹篮打水一场空，吃再多苦人生也不见丝毫起色。

有这样一个故事：

一群人在大海里航行，突然狂风大作，迷失了方向，所有人的生命随时可能葬身海底，只有两个人知道正确的方向是西方。

第一个人说：“我们必须马上向西航行，这样才能尽快到岸获救。”

大家集体攻击他，情绪非常激烈。虽然另一个人知道第一个人是对的，可是在群情激愤的情况下竟然不敢开口。风越来越大，情况越来越危险。第一个人大吵大闹起来，整个船上都乱了套，所有误认为正确方向应该是东方的船员认为再这样耗下去所有人必死无疑，竟坚决将船往东方开。

第一个人失去理智地冲上去与之扭打，最后，这个明明掌握了真理的人被众人丢入大海。急红了眼睛的船员冲着大家喊：“还有谁说是西方的？是西方的扔下去喂鱼！”另一个人不敢吭声，只好默默地附和着大家的意见。可是跟着走下去也必死无疑，所以他提出由他来掌舵，理由是他曾经是名非常优秀的水手，有过在风浪中开船的丰富经验。大家同意了。

船缓缓向东航行，但是，这个人暗中动了手脚，当船每行驶一段时就把方向稍微调向西一点，谁也没有觉察出来。直到绕了一大圈，不知不觉到达了西方的陆地，这个人才站出来讲了实话，众人这才恍然大悟。

大家都后悔没有听第一个人的话，可是后悔也没用了，在生死关头，大家都失去了理智。

第一个人用尽了全身的力气要让大家相信自己是正确的，第二个人也用尽了全身的力气和智慧让大家相信自己是正确的。可第一个人的付出结果归于零，自己也被丢入大海，而第二个人被大家称为救命恩人。

这就是“有用功”和“无用功”的区别。

人生吃苦也是这样，无数人在说：“年轻人，要多吃苦。”年轻人是应该有不怕吃苦和吃得了苦的精神的。但是这并不是说年轻人什么苦都要去吃。人生在世，吃没有意义的苦，就是在做无用功。耗费那么多精力、浪费那么多时间，把自己折腾得筋疲力尽却一点用也没有，还不如冷静下来好好找找方法。正如两个看书的人，一个用眼睛看，一个用心看。用心看的人看对方法，读一遍就领会了书中主旨，而只用眼睛看的人看了无数遍也吸收不进去，同样花费了时间、精力，又有何意义呢？

在吴承恩的小说《西游记》里，唐僧的坐骑是由一条白龙变成的。事实上，哪儿是什么龙太子啊，西天取经所骑的白马，只不过是长安城中一家磨坊里的一匹普通白马，这匹马跟别的马比也没什么神通广大的地方，既不会变人也不能日行万里，无非是兢兢业业地在磨坊里工作了许多年，看上去身强体壮，老实听话，很能吃苦。

玄奘大师当时有心选一匹忠实可靠的马，因西天取经路途遥远，这路要经历千辛万苦，性子太野的马自己是驾驭不了的。一定要一匹身体强健的好马，去时可以当坐骑，回来时可以背经书。在长安城内选了半天，最后选了磨坊里的这匹白马。

白马随着唐僧远赴异国他乡，离开故土 17 年。17 年后，马驮经而回，唐僧已是名扬四海的传奇人物了。而白马作为取经功臣，被唐朝皇帝誉为“大唐第一名马”。

“大唐第一名马”光荣还乡，昔日磨坊里的老友都来看望。驴群马群团团围住白马，听白马讲西方路上的趣闻以及今时今日的种种荣耀。大家一边羡慕称赞一边感慨这17年的长途跋涉实在是太辛苦了。

谁知，白马谦虚地说：“各位伙计，其实我没你们想的那么了不起，我跟大家一样，都是普通的马，只是运气好，被玄奘大师选中，一步步西去东回而已。这17年间，我勤勤恳恳每天都在赶路，一刻不停地为这个世界奉献自己的力量。大家每天也都没有闲着，都在赶路，只不过是在家门口来回地打转罢了。大家每走一步，我也在走一步，我们都是一样的。我们走过的路一样多，大家都一样地辛苦。”

众马沉默了。

多么发人深省！无数人也许要借白马的伙伴问一问上天，别人在付出，自己也在付出，为什么别人就能出类拔萃而自己还是老样子呢？

你有没有想过，世界上无数的人，从出生到老去，每天都在过日子，同样会吃喝拉撒、同样会喜怒哀乐，甚至有人有同样的生存环境，毕业后走了同样的路，为什么最后每个人的成绩与人生答卷还是不一样呢？最可悲的是自己并没有偷懒，日复一日地挥洒汗水，却仍旧在原地打转。

也许有人愤愤不平，认为白马是有伯乐相中，运气好所以才能功成名就。但这个世界上真的有那么多伯乐吗？几乎每个时代中才华横溢的天才诗人都在抱怨生不逢时、怀才不遇，就连诗仙李白。也常常悲叹不被当朝者赏识，他甚至大胆地给韩荆州写信推荐自己，可是韩荆州引荐了许多人偏偏没有引荐他。可我们还是看到了李白的诗歌，还从他的诗歌里看到了一代诗豪云游天下、走四方的气度。因为李白，即使没人引荐，闷闷不乐，可是诗怀自然，无法被束缚，脚在他自己身上，他必须越走越远，看到不一样的名山、古寺、青山、流水，并因此收获了不一样的飘逸与苦难并重的诗意人生。

如果李白每天在房间里一圈又一圈地走，也可以走上几百公里的路，但不管走多少年，还是无法从房间走出去，还是无法见到真正的“日照香炉生紫烟，遥看瀑布挂前川。飞流直下三千尺，疑是银河落九天”。

很多人，其实并不懒惰，每天都勤勤勉勉，每天都小心翼翼，却一生都不见起色。他们感到委屈，人家隔壁老王也是这样过日子，早就青云直上，升迁无数次了！挥洒了汗水还不见起色的你，有没有想过方向找对了吗？心门打开了吗？每天都有进步吗？如果十个月如一日你毫无感觉，也毫无危机感，那么很可能十年如一日，甚至可能一生都在绕圈子。就像那些驴子和马，即使每天也没有闲着，可是到头来得到的却完全不一样。

因此，只知道埋头苦干是远远不够的。因为，如此一来，你就看不到前方到底是平坦大道还是崎岖山路，或者是万丈深渊。无论做什么事情，请大家千万记得不要光埋头拉车，还要学会抬头看路。对此，俄国最伟大的小说家、心理学家和哲学家杜斯妥也夫斯基说过这样一句话：“我只害怕一件事情，我怕我不值得自己所受的苦。”若要配得上自己所吃的苦，唯有多做“有用功”。

智慧锦囊

多观察、多吃苦、多研究。

——加菲劳

越是处于困境越要挺起胸膛

尊严是无上的；尊严是不可以被人践踏的；尊严是我们活着的理由；尊严是我们高尚的灵魂！

一个挪威年轻人漂洋过海来到法国，他要报考著名的巴黎音乐学院，考试的时候，尽管他竭力将自己的水平发挥到最佳状态，但主考官还是没能看中他。

身无分文的年轻人来到学院外不远的一条繁华街道，勒紧裤带，在一棵榕树下拉起了手中的琴，他拉了一曲又一曲，吸引了无数的人驻足聆听，围观的人们纷纷掏出钱放入琴盒。饥饿的他最终捧起了自己的琴盒。

就在此时，一个无赖鄙夷地将钱扔在年轻人的脚下。年轻人看了看无赖，弯下腰拾起地上的钱递给无赖说："先生，您的钱掉在了地上。"

无赖接过钱，重新扔在年轻人的脚下，再次傲慢地说："这钱已经是你的了，你必须收下！"

年轻人再次看了看无赖，深深地给他鞠了个躬说："先生，谢谢您的资助！刚才您掉了钱，我弯腰为您捡起，现在我的钱掉在地上麻烦您也为我捡起！"

无赖被年轻人的镇定和智慧震撼了，心虚地捡起地上的钱放入琴盒，然后灰溜溜地走了。

围观者中有双眼睛，一直在默默关注着年轻人，他就是学院里的那名主考官。见此情景，他当即决定给这个年轻人求学的机会。

这个年轻人就是比尔·撒于，后来成为挪威著名音乐家，代表作是《挺起你的胸膛》。

当我们陷入生活低谷的时候，往往会招致许多无端的蔑视；当我们处在为生存苦苦挣扎的关头，往往又会遭遇肆意践踏你人格尊严的事情。针锋相对的反抗是我们的本能，但那些缺知少德者往往会加倍地施以暴虐。我们不如理智地去应付，以一种宽容的心态化解危机，维护尊严。邪不压正，任何邪恶在正义面前最终都是无法站住脚跟的。

80多年前的一个冬天，美国加州沃尔逊小镇上来了一群流亡者。人们给流亡者送去饭食，他们个个狼吞虎咽，连一句感谢的话也来不及说。只有一个人例外，当镇长杰克逊大叔把食物送到他面前时，这个骨瘦如柴、饥肠辘辘的年轻人问："先生，吃了您这么多东西，您有什么活需要我做吗？"杰克逊说："不，我没有什活需要你来做。"这个年轻人的目光顿时灰暗下去了，说："那我便不能随便吃您的东西。我不能不经过劳动便平白无故得到这些东西。"杰克想了一会儿说："小伙子，你愿意为我捶背吗？"说完就蹲在地上，这个年轻人便十分认真而细致地给他捶背。捶了几分钟，杰克逊站起来说："小伙子，你捶得棒极了。"说完将食物递给那个年轻人。

后来，这个年轻人留下来在杰克逊的庄园干活，成为一把好手。两年后，杰克逊把自己的女儿玛格珍妮许配给了他，杰克逊对女儿说："别看他现在什么都没有，可他百分之百是个富翁，因为他有尊严。"果然不出所料，20多年后，这个年轻人有了一笔让整个美国人都羡慕的财富。这个年轻人就是赫赫有名的美国石油大王哈默。虽然穷困潦倒却仍然拥有自尊自立的精神，哈默的行为不仅赢得了别人的尊敬，也维护了自己的尊严。

尊严，是一种高尚的人格，是志存高远的境界，是不吃嗟来之食的风骨；尊严，就是任何时候都挺直自己的胸膛，堂堂正正地做人。尊严不能简单解释为面子，更多地表现为一种自尊心、一种价值、一种责任感，是一种不依附于他人的奋斗精神。所以人们把自尊视为至高无上的精神瑰宝。没有财富可以用双手和智慧创造，但是，一个人如果没有了尊严，那就什么也没有了。

有一个头发花白但很整齐的老人，他瘦小驼背，无亲无故，孤零零地住在印第安纳波里斯市北区一幢整洁的木屋里。27年来，华思一向挨家挨户地兜售杂货，以此谋生。

华思老人的事有三件让人铭记不忘：一是他从来不当自我是小贩，他总是对顾客说："我是推销员。"二是限定自己每年到每户人家的次数为3趟，说这样不至于讨人厌，并以此说明他是一位懂规矩的推销员。三是他从不向邻居推销，每有邻居向他买东西，他就说："我是你的街坊嘛。期望你当我是街坊，而不是站在你门口的推销员。"

1971年2月的某一天，73岁的华思老人去世了。次日，报纸上登出一篇有关华思老人的文章，其中透露了华思生前说过的一句话，就是“担心将来死了没人送终”。出乎意料的是，华思葬礼的那天，无论是穷人还是富人，无论是男女还是老少，凡认识华思的人都提前一个小时来到墓地，为华思送行。

每个人都要有自己的尊严，尤其是在处于困境的时候，更不能失掉尊严。“尊严是礼貌，当你不留意踩到了别人的脚，一声诚恳的‘对不起’好似你的尊严。你也会让他人领略到你的尊严。”这是汪圣宇说的一句话。我觉得，一个人如果失去了尊严，那么，他活着也就不存在任何意义了。

智慧锦囊

生命的尊严正是超等价物的一切事物的基点。

——池田大作

坚持是失败后仍不放弃的努力

毛毛虫蜕变成蝴蝶，是一个艰难的、痛苦的过程，但它并没有因此而放弃，而是凭着坚持不懈的精神，最终赢得了美丽；蚌壳里钻进了一颗细小的沙粒，使它不断地分泌汁液，这个过程是一种折磨，是一种煎熬，但它并没有向困难低头，而是凭着坚持不懈的精神，一层一层地包裹着这颗细小的沙粒，最终它孕育出了绚丽夺目的珍珠。事实证明，无论多么艰难的事情，只要你有着坚持不懈的精神，你就一定会战胜困难，收获成功的硕果。

在林书豪身上，颇有几分阿甘的色彩：天赋平平，长期被忽略，几乎没任何机会，但他始终坚持着一份单纯的梦想，在困难与偏见面前坚持下去，直到奇迹发生的那一天，最终一鸣惊人。

事实上，当林书豪将自己定位为一名亚裔美籍华人篮球运动员时，他就明白，在美职篮取得成功的亚洲球员少之又少，他相信总有一天会有人创造这样的奇迹，他曾说："也许我能够打破常规呢，我觉得亚洲球员总体似乎并未受到尊重，但我认为我们值得被认可，无论是在体育、篮球还是其他任何领域。"

从哈佛大学毕业之后，林书豪得到了进入勇士球队效力的机会，尽管他足够努力，但没有人能马上成功，林书豪或许能够预料得到，但令人永远都想不到的是，接下来他会离开他从小就热爱的勇士球队，并且离开自己的家乡。

2011 年 12 月 10 日，林书豪收到了他不愿意听到的坏消息，球队宣布彻底裁掉这名华裔控卫，林书豪 NBA 前行的道路变得十分黯淡。后来，林书豪来到曾经拥有另一名亚洲球员的火箭队，姚明的离开让火箭队缺少了中国元素，而作为华裔美籍的林书豪至少也是一个黄皮肤、黑头发的黄种人，无论签约林书豪是不是想要引起市场效应，但莫雷还是在勇士将林书豪裁掉之后迅速下手引进，只是控卫线拥挤的火箭队让林书豪从未有太多的上场时间去表现自己。

2011 年 12 月 12 日，火箭队宣布裁掉林书豪，在这之后的半个月，林书豪进入了另一支球队——纽约尼克斯的视线，尼克斯由于后场受到伤病困扰，巴伦·戴维斯和舒伯特接连受伤之后，决定引进林书豪作为毕比和道格拉斯的替补，而林书豪被尼克斯引进的最早时期他也仅仅希望自己能够竞争获得一个替补的机会，成为球队第 12 人或者第 15 人。

在 2012 年 1 月 17 日，林书豪被尼克斯下放至发展联盟伊利湖海鹰队，尽管被下放，但是林书豪并未停止他的努力，在对阵缅因红爪的比赛中，林书豪砍下 28 分、11 个篮板、12 次助攻，获得抢眼的三双数据，并率领球队以 122 ∶ 113 战胜对手。

几天之后，林书豪被尼克斯召回，重新回到阵中。

而从 2012 年 2 月 4 日这一天开始，林书豪开启了自己不可终止的爆发模式，在替补出场的情况下砍下 25 分、5 个篮板以及 7 次助攻的生涯新高数据，更重要的是，尼克斯战胜了篮网队，在这之前，尼克斯在前 15 场比赛中已经输掉了 13 场，若非赢下这场比赛，主帅丹东尼下课也早已是板上钉钉的事情。而谁能够料到，林书豪在这场比赛的前一夜还在队友兰德里·菲尔兹家中借宿，因为他不确定自己是否会再次遭到裁员。

林书豪的爆发固然是个惊喜，但更重要的是，林书豪已经率领尼克斯取得了球队赛季最长的6连胜。并且，尼克斯已经重新回到东部第八的行列，林书豪凭借出人意料的爆发在仅仅一周的时间上演了奇迹般的表演，他毫无争议地强势当选东部周最佳，在这一周的时间里，林书豪场均收获27.3分、8.3次助攻，并在一周之内帮助尼克斯保持不败战绩，这次，世界终于看到了这个勇于坚持自己的球员。

人生的道路总是充满艰难、荆棘和坎坷，有的人一遇到困境就唉声叹气、停滞不前；有的人则试图绕开另找一条通向成功的捷径，不过很可惜，每条路上都布满了荆棘；只有第三种人，坚持不懈、克服困难的人才能成功。就像林书豪，虽然后面的路比前面的更加艰难，即使人生的跑道上只剩下他一个人，他仍然坚持完成全程。坚持是什么？坚持是迈向胜利的脚步，坚持更是失败后仍不放弃的努力，这是一种磨炼，是成功不可缺少的精神，因此，只要坚持下去，世界终将看到你的存在。

以斯克劳斯与戴维斯为品牌的牛仔衣是被大多年轻人所熟知的，然而他的创始人斯克劳斯的故事却鲜为人知，那是一个非常传奇的故事。

少年时的斯克劳斯受母亲的影响从小就喜欢时装，他的母亲是个裁缝。斯克劳斯家境贫寒，没有多余的布料来训练他的手艺，于是小斯克劳斯就常常将母亲裁剪后的布角偷来，东拼西凑地做成各种各样的小人衣服。

一次，小斯克劳斯将父亲从自家凉棚上撤下来的一块废旧的棚布制成了一件衣服，这种粗布在当时是专门用于盖棚之用的，从没有人拿它来做衣服。而小斯克劳斯竟穿着自己做的衣服走在大街上，路过的人还以为他是疯子呢。

当时，戴维斯是著名的时装大师。斯克劳斯的母亲便建议他向大师请教，她希望自己的儿子能成为像戴维斯一样成功的时装设计师。那一年斯克劳斯只有18岁，他带着自己设计的粗布衣来到了戴维斯的时装设计公司。粗布衣服自然没有得到设计公司其他人的好评，但戴维斯却十分欣赏，并将斯克劳斯留了下来。

从此，在戴维斯的鼓励与帮助下，斯克劳斯开始设计粗布衣，由于没有人对这样的衣服感兴趣，它们因此被大量积压在仓库里，就连戴维斯都对自己收留斯克劳斯的决定产生了怀疑。然而斯克劳斯依然坚信自己的衣服会受到人们的欢迎，他从未放弃过设计和改良这种衣服。一个偶然的灵感，斯克劳斯试着将那些粗布衣服运往非洲，销给那里的劳工们。由于那种粗布价格低廉、耐磨，居然很受劳工们的欢迎，很快便销售一空，斯克劳斯取得了成功的第一步。

此后，斯克劳斯又根据布料的特质，将其做成了适合旅行者穿的款式，竟然又受到了旅行爱好者的欢迎。随着粗布衣一点一点地发展，人们惊奇地发现，这种衣服穿在身上不但随意，还有一种很特别的韵味，而且不分季节，任何年龄的人都可以穿。一时间，大家都争着穿起了斯克劳斯设计的粗布衣，后来将它称之为牛仔衣，风靡全世界。

孟子曾言："天将降大任于斯人也，必先苦其心志……"用困苦磨炼意志，练就坚持，增长能力，最终"增益其所不能"。在攀登成功峰顶的荆棘路上，坚持是垫脚石，坚持是动力，坚持是信念，只要坚持下去，世界终将看到你的成就。

智慧锦囊

只有毅力才会使我们成功，而毅力的来源又在于毫不动摇，坚决采取为达到成功所需要的手段。

——车尔尼雪夫斯基

只不过是从头再来

心若在，梦就在，只不过是从头再来。人生要时刻准备从头再来。

有个人做生意失败了，但是他仍然极力维持原有的排场，唯恐别人看出他的失意。宴会时，他租用私家车去接宾客，并请表妹扮作女佣，佳肴一道道地端上，他以严厉的眼光制止自己久已不知肉味的孩子。虽然前一瓶酒尚未喝完，他已打开柜中最后一瓶XO。但是当那些心里有数的客人酒足饭饱，告辞离去时，每一个人都热烈地致谢并露出同情的眼光，却没有一个人主动提出帮助。

他彻底失望了，百思不得其解，一个人独行街头，看见许多工人正在扶被台风吹倒的树——工人总是先把树的枝叶锯去，使得重量减轻，再将树扶起来。

他顿然领悟了，放弃了旧有的排场和死要面子的毛病，重新自小本生意做起，并以低姿态去拜望以前商界的老友。

这些朋友知道他在脚踏实地地做小生意时，都尽量给予方便，购买他的东西，并给他介绍其他客户。

没过几年，他又在商场上站立起来，而他始终记得锯树工人的一句话："倒了的树，如果想维持原有的枝叶，怎么可能扶得起来呢？"

人生总是有起有落，谁也不能保证永远处于事业的顶峰，没有一个人的一生永远顺利，也没有一个人会一辈子失败，只要有坚定的信念，始终如一，所有的成功与失败都只能是你生命长河中一朵不起眼的浪花，因此，不要因一次成功而飘飘然，也不要因一次失败而一蹶不振。成功了，淡然视之，失败了，泰然处之；不要一味地逃避失败，应该正视失败，从头再来。

有一个朋友，在方正公司北京总部干得如鱼得水。却突然接到调至云南任分公司总经理的通知。

朋友说，总公司的决定非常突然，头一天老板找他谈话，宣布决定，第二天他就离京赴云南上任了。有人问他，当时有没有一种被下放的感觉？将要面对一个陌生的环境，有没有迷茫的感觉？朋友说，自己是个想做点事情的人，在哪儿都无所谓，只要有一个舞台供自己施展就足够了。

云南分公司在方正所属公司里属D类公司，排名明显靠后。但朋友对此并不介意，他说他只是想做点事情，排名前后并不影响他的工作。

不是所有人都能这样想，职位的变迁往往包含着很多的内容，但对于真正想做一番事业的人来说，在哪里都有机会，都是一样可以施展本领，只不过是从头再来而已。

下岗女工刘雁翎创办影楼，几经沉浮，越挫越勇。她的体会是，要勇于从头再来，下面是她的讲述：

“我的白宫婚纱影楼算大的呢！上下两层共有300多平方米。一楼还有夹层。不少照片是我拍的，还不错吧！浏阳有一个分店，这是总店。这是我第三次在伍家岭立起影楼了。

讲摄影，有点家学渊源。新中国成立前我外公外婆就开照相馆。1995年我从长沙市塑料三厂下岗后，在一家影楼打工。这年我30岁。丈夫体弱多病，孩子眼巴巴地望着我。我就逼自己长进。活抢着干，学化妆、弄布景、搞摄影。伍家岭有家影楼要转让，我觉得可以试一试。东挪西借20万元，‘白宫’首次亮相。

生意旺得很。我掘到了第一桶金，还成了长沙市巾帼再就业明星。几年时间，报告做了上百场，听过我报告的下岗职工有上万人。2000年浏阳分店开张了，盛极一时。哪晓得2000年10月因为修路，影楼要拆迁，几十万元的装修全完了。心痛归心痛，路还得继续走。2001年，我租了附近一家厂子的门面，又投入10万元，第二次立起影楼。不到1年，这家厂子与一家洋超市合资办店，影楼又一次被拆迁。这一次可是连本钱都赔光了。

‘所有的荣誉，已变成遥远的回忆……今夜重又走入风雨。’一遍遍听这首《从头再来》，心里是一阵阵感伤。休息了半年，家人的安慰使我重新振作起来。我决定再开影楼。朋友都劝我：‘莫要蛮搞了，吃了几回亏了。’我仔细想想，这不是蛮搞。婚纱摄影原来是时髦，现在成了习俗，潜力大得很。不少老客户还到处找‘白宫’呢！老父母坚决支持我，把最后一点积蓄也拿了出来。

去年10月，我从头再来，‘白宫’第三次开了张。摄影师，上海专门培训的；化妆师，广州高薪聘请的；数码摄影也能搞了；鲜花造型、雷蒙娜制作、水晶制作，我们都在长沙率先启用。回头客多了起来。最令我感动的是，一个拍过婚纱照的小伙子，家住火车站，一次要拍一寸照，竟打的来照。

如今，我的影楼年营业收入有好几十万元，算不上什么成功。劳动部门聘我当专家，可能是看我经历丰富吧。今后我想与更多的下岗职工分享创业的经验，一起努力、争取成功。”

人的一生，有许多沟沟坎坎要跨，比起荣誉傍身的成功者，我更欣赏那些勇于接受失败的人。

接受失败是一种智慧，更是一种魄力。生而为人，我们都是第一次活，谁不是摸着石头过河？你要允许自己失败，大不了从头再来。

智慧锦囊

失败了，就从头再来，我坚信成功已然不远；哭过了，就擦干眼泪，我坚信幸福就在眼前；离开了，就抛弃不舍，我坚信时间会改变一切。

——佚名

第三章

人生最大的敌人是自己，尽快成长，让自己坚强

活在自己心里，而不是别人眼里

著名主持人倪萍说过这样一句话：“我们应该活在自己的心里，如果为别人的目光而感到烦恼，那么自己就是傻瓜。”

在她的人生中，有无数的鲜花与掌声，也有一些阴霾苦难的日子。当记者问她，是否会在意别人的看法时，她微微一笑道：“自己年轻的时候也许会很在意这些，特别是在我刚刚进入电视台工作那几年，才20多岁吧，只要别

人一夸奖就会扬扬得意的。如果报纸上表扬几句，那么我肯定会兴奋得好几天睡不着觉，把那张报纸看了一遍又一遍；如果遭到别人的质疑和批评，那就灰心得绝对到了极点……不过现在不了，人长大了，心也被磨得起了老茧，如果因为别人的看法而让自己不快乐，那简直就是傻瓜，因为最了解自己的人，始终还是自己。”

每天早上公交车都挤满人。上个月的某天早上，公交车靠站时一个身上带着泥巴的孩子背着一只编织袋跟一个男人上了公交车，一看就是在工地打工的模样。刚好有人从座位上起来，孩子坐了下来，男人站在了旁边。

没多久上来一个孕妇，孩子站起来让座：“阿姨，你坐吧！”

孕妇看了一眼脏兮兮的孩子不吭声。男孩轻轻地将编织袋放在地上，从衣袋里掏出一张纸巾擦了擦椅子，微笑着说：“阿姨，我擦干净了，不会脏。”众目睽睽之下，孕妇红着脸坐下。

孩子刚拿起编织袋，突然一个急刹车，瘦弱的孩子一个趔趄差点摔倒，但怀里还是紧紧抱着那只编织袋。

旁边一个大妈爱怜地说：“真的是好孩子！”

孩子憨憨地笑了：“奶奶，我其实不够好，妈妈总批评我在意别人的目光，现在我勇敢了，像阿甘一样！”座位上的孕妇低下了头。

大妈惊讶地问：“你也知道阿甘？”

“是的，妈妈让我看的！”

“看《阿甘正传》让你学到了什么？”

“不要在意别人的目光，走自己的路；每个人都是独特的，他们就像各种巧克力……”

在别人眼里我们能够看到自己更多的信息，可是在绝大多数时候别人的意见只能作为参考罢了。尤其当你处于苦难的境地时，别人很难设身处地为你着想，他们眼睛所看见的，与我们亲身所经历的，截然不同。

那么，对于别人的目光，我们应该如何去看待呢？

1. 以平常心面对别人的批评与赞美

苦难也好，幸福也罢，这些都是属于我们自己的。我们不用为了获得别人的赞许而去违背自己的意愿。就算得到了别人的赞许，我们也不用高兴得忘乎所以，因为在你获得赞许的同时，也会迎来批评和指责。面对这些批评，我们应该好好地检讨自己，并且从中学到一些东西，以这样的平常心去面对别人的看法，能够让自己的心理变得越来越强大。

2. 别人没有我们想象中那样关注我们

人们通常只会关心自己的事，所以你完全不用担心别人会在背后谈论你的长相、你的家庭或者你正在做的事情。也许在你的心里，你就是这个世界最重要的人，全世界都在关注，都很在乎你的一言一行。不过，别人心里可不是这样想的，因为他们觉得这个世界上最重要的人是他们自己。

3. 我们应该多关心自己的看法

假如对别人的看法太在意，会让自己的内心越来越贫瘠，渐渐地就不再重视自己的看法，而是用别人的看法来评判自己。要想消除这种不良的心理，就应该多关心自己的看法：自己是什么样的人、自己正在做什么事情、自己忍受着什么、希望着什么……难道还有人比我们更了解自己吗？

4. 多听听支持你的人是如何看待你的

当然，要想完全不在意别人的看法是一件很难做到的事情。既然如此，就多听听那些支持我们的人是如何看待我们的。他们的话可以帮助我们树立信心，更好地认识自己。

5. 别人对我们的评价并不一定是正确的

我们绝对不能消极地接受别人对我们的评价，甚至因此影响到自己的情绪和心理。要知道，别人对我们的评价也不一定是正确的，有时候他们可能是为了释放心中的愤怒，有时候是因为嫉妒或者怨恨，因此他们眼中的我们，可能是扭曲变形的，至少不是真实的我们。

我们完全不用太在乎别人的目光。这只会让我们越来越不快乐，越来越患得患失。当我们不幸被苦难所眷顾，周围人异样的目光与嘲讽的话语是常常存在的，总有一些人喜欢幸灾乐祸。这时候，我们要做的就是直接忽略别人的目光，尽量让自己平静下来。如果太在意别人是怎么看我们的，那么只会让我们丧失自我，不管做什么事情都畏首畏尾，最终会因为没有主见、没有自我，而被苦难打败；相反，如果我们能够活在自己的心里，而不是别人的眼里，我们就可以找回属于自己的那份自信，战胜一切艰难险阻。

智慧锦囊

走自己的路，让别人说去吧！

——但丁

自信的你是最美的你

自信是什么？它是一种感觉，是一种力量，是一个暗示，它会激励我们不断突破自己，挑战自己，不断做最好的自己。

从伦敦飞往巴黎的班机上，坐着一位瘦小的老妇人。她衣着粗陋而整洁，看得出是个打杂女工。她怀中抱着一个手提包，里面装有140美元——这是她3年来的积蓄。她脸上流露出兴奋与忐忑的神情，因为此行将实现她的理想。

这位哈里斯太太一年到头上门给顾客做家务，每天工作10小时。

3年前的一天，她在顾客家看见两件美丽绝伦的衣服，从此念念不忘。她问明这衣服是从巴黎黛尔赫时装公司买来的，因而开始攒钱。今天，她终于坐上了飞往巴黎的班机。

黛尔赫时装公司经理柯伯特女士今天上午心情极差，导火索是她在外交部工作的丈夫朱尔斯。朱尔斯是部里最有才干的人，可是他没有政治上的亲朋好友，因而多年来一直得不到提升，而他已经50岁了。最近有一个部门的主任去世了，由谁接替他成为一个热门话题，朱尔斯可能又被别人排挤掉。柯伯特女士觉得他这一生即将无望，因而深感悲伤和痛苦。

此时她正在安排下午的时装展览会。有个老妇人走了过来，她穿着破旧的衣服，戴着颜色不相配的手套，径直走近柯伯特女士，说："嗨，亲爱的，请问衣服挂在哪儿？"柯伯特女士冷冷地说："恐怕您找错了地方，衣服不在这儿，时装展览会只对私人开放。"

哈里斯太太茫然地说：“那么，我就看这个展览会吧。”

柯波特女土感到一阵不快：“对不起，这个星期的展览会已经客满。请您下个星期再来。”

哈里斯太太胸中不禁燃起怒火：“您以为我买不起？看！”她拉开包向下一倒，一张张绿色的美元飘飘而落。

柯伯特女士迷惑而震惊，却更加坚决：“对不起，展览会已经客满。”

哈里斯太太嘴唇发抖：“啊，你们法国人难道没有心肠吗？难道你没有渴望过一样东西吗，一想到它就会流泪，在黑夜里因为得不到它而浑身颤抖？”

这话像刀子一样戳痛了柯伯特女士的心。她自己就是夜夜辗转难眠而为丈夫的事揪心。刹那间她理解了这位老妇人。

“请您3点钟来吧，”她说，“座位是没有了，不过我可以在楼下给您留个位置。”

安德鲁先生是黛尔赫公司的会计员，年轻英俊，身材魁梧。由于工作关系，他有时要到衣锦腮香的模特们当中。他很乐意去那里，有时还为此找借口，为的是能看一眼他心目中的女神。他心中充满了对娜塔莎的爱慕。

模特明星娜塔莎是巴黎的宠儿。她有着灿烂的前程——要么在电影界发展，要么嫁给某个富豪名流。

安德鲁先生来自一个中等家庭，职业和收入都不错，但他的世界离娜塔莎犹如地球到某个行星那么遥远。

他看到了她，她穿着即将表演的时装。他觉得心脏停止了跳动。她是这样的美丽。

娜塔莎来自里昂的一个中等家庭，她厌倦了职业带给她的生活。她没有在电影界发展的野心，也不想嫁给大富翁。她想有一个她所成长的那样的家庭，同一个她爱的人结婚，一个善良、淳朴的男人，不需要有多么英俊或聪明。她模糊记得见过眼前这个年轻人，却不知道他是谁。

柯伯特女士把哈里斯太太带到了留给要人的机动座位上。因为她觉得，比起那些漫不经心、只顾炫耀自己的人，哈里斯太太是真正喜爱衣服的，而且她不知付出了多大的勇气来追寻她的梦想。

坐在哈里斯太太旁边的是一位老先生。他的外套扣眼里插了一朵玫瑰似的东西，这让哈里斯太太很惊奇。老先生冷淡地问："有什么不对吗，女士？"

"哦，对不起，"哈里斯太太说，"我居然那样看着您。我只是喜欢那朵花。"

她天真的回答把老先生的一丝不快驱除了："这是个花结。如果是真花就会好看些。"

"您是来给您的女儿买衣服的吗?

"不，我常到这儿来。我喜欢看漂亮的衣服、漂亮的女人。这使我觉得自己又年轻了。"

"是啊！"哈里斯太太附和着，并凑近他低声说，"我特地从伦敦来给自己买件衣服。"

老先生一下子明白了。他想起了他年轻时代，在英国读书的日子，那些打杂的女工，她们快乐的外表下蕴含的正是生活艰辛的勇敢和坚强。

“这太妙了。希望您能找到您喜欢的衣服。”

一个衣着时髦华贵的女人由两位服务员小姐陪同走到哈里斯太太身边坐下。哈里斯太太闻到一阵浓香。“噢，您身上真香啊！”她由衷地赞美道。

那女人神色愠怒，用法语冲着柯伯特女士喊：“您让这个粗野的东西坐在我旁边是什么意思？让她走，我有个朋友要坐在这里！”

那位老先生涨红了脸，想说什么。

柯伯特女士犹豫了一下。哈里斯太太听不懂她们在说些什么，平静地坐着，脸上挂着明朗而自信的微笑，仿佛是世上最幸福的人。

“让她走就像是在责打一个无辜的孩子。”柯伯特女士这样想。

于是，她坚决地说：“这位女士有权坐在这里。她专程从伦敦到这里来买衣服，我不能让她走！”

老先生恢复了常态，赞赏地看着柯伯特女士。娜塔莎上场了，她穿着一件纯黑的晚礼服，光彩照人，魅力四射，人们热烈地鼓掌。哈里斯太太的心狂跳起来，就是这一件！她选定了！

试衣室里，哈里斯太太穿上了这件晚礼服，十分合身。

“啊，就是这件了。”

哈里斯太太幸福而圆满地结束了她的巴黎之旅。

故事中的哈里斯太太，没有因为自己只是打杂的工人而觉得低人一等，更没有自卑，反而，她有着值得我们学习的自信，正是这种自信，给她带来了快乐和满足。

西塞罗说过：“自信是一种感觉，为了这种感觉，人们才能怀着坚定的信念和希望，开始伟大而光荣的事业。”没错，自信就是让我们做好一件事的“梁柱”，没有它，就无法完成一件事。

智慧锦囊

任何人都应该有自尊心、自信心、独立性，不然就是奴才。但自尊不是轻人，自信不是自满，独立不是孤立。

——徐特立

追求但不苛求完美

世界上不存在完美无瑕的事物，人生和生活也是如此。苛刻追求完美的目标，不仅难以实现，还会让自己身心疲惫。

有位伟大的雕刻家是个完美主义者，他所完成的雕像，令人几乎难以区分哪个是真人，哪个是雕像。有一天，死亡之神告诉雕刻家他的死亡时刻即将来临，雕刻家非常伤心，他和所有人一样，也害怕死亡，不想死亡。他苦思冥想了很久，最后终于想到一个好方法，他做了 11 个自己的雕像。当死神来敲门时，他藏在了那 11 个雕像之间，屏住了呼吸，死神感到困惑，他看到了 12 个一模一样的人，他无法相信自己的眼睛，从未发生过这种事！从没听说过上帝会创造出两个完全一样的人，这个世界上的每个人都是唯一的。

这是怎么回事？死神无法确定自己该带走哪一个，他只能带走一个，死神无法作决定。带着困惑，他回去问上帝："你到底做了什么？居然会有 12 个一模一样的人，而我要带回来的只有一个，我该如何选择？"

上帝微笑地把死神叫到身旁，在死神耳旁轻声说了一句话。

死神问："真的有用吗？"

上帝说："别担心，你试了就知道。"

死神半信半疑地来到那个雕刻家的房间，往四周看了看，说："先生，一切都非常完美，只是我发现这里还有一点瑕疵。"

这个追求完美的雕刻家完全忘记了自己此刻的处境，立即跳了出来问："什么瑕疵？"

死神笑着说："哈哈，我终于抓到你了，这就是瑕疵——你无法忘记你自己，天堂都没有完美的东西，何况人间。走吧，你的死亡时刻已经到了。”

是啊，天堂都没有完美的东西，何况人间？你是不是也像这位雕刻家一样，事事追求完美？你是不是总是要求自己在工作上做到尽善尽美？你是不是会因为鼻子上有一块不用放大镜就看不到的斑点而不敢照镜子，甚至要去整容？你是不是在等待一个完美的爱人？你是不是一直渴望交一个没有任何缺点的朋友？你是不是一心要找个待遇好、地位高，工作又很轻松的单位上班？你是不是在比赛的时候，一定要赢，否则就不参加比赛？别做梦了，你只是在浪费你的时间。

有一句广告词这样写道：“没有最好，只有更好。”其实，我们追求更好、更完美，最重要的不是是否能真正得到最完美的结果，那样毕竟是非常难得的，而是我们拥有这种永不满足、永远积极进取、积极向上努力的态度，只要拥有这样的态度，即使做得并不完美，也是优秀。不苛求完美，但不能放弃追求完美，因为努力才可以令你接近、更接近完美！

一天，法国著名雕刻家罗丹邀请挚友——奥地利作家茨威格到他家做客。在罗丹朴素的别墅里，他们在一张小桌前坐下吃饭。罗丹温和而慈祥地和这位晚辈交谈。文学和雕塑这两枝艺术之花让他们之间有说不完的话，他们都十分高兴。午餐在愉快的氛围中进行着。

吃过饭，罗丹便带着茨威格到他的工作室参观。

罗丹的工作室可以说是雕塑的出生地。在这里，有完整的雕像，也有许许多多小塑样——一条胳膊、一只手，有的只是一根手指或指节；还有他已动工而搁下的雕像和堆着草图的桌子，这里就是他一生不断追求与劳作的地方。

“这是我的近作。”他说着便把湿布揭开，现出一座女正身塑像。“这已完工了吧？”茨威格退到罗丹身后，看着他魁梧的背影说。

罗丹没有回答，自己端详了一阵，忽然皱着眉头说：“啊，不！还有毛病……左肩偏斜了一点，脸上……对不起，你等我一会儿……”于是他便拿起刮刀、木刀片轻轻划过软软的黏土，给肌肉一种更柔美的光泽。他健壮的手动起来了，他的眼睛闪耀着智慧的光芒。随着一块块黏土的掉落，雕塑变得越来越生动。茨威格站在后面，微笑地看着这个对工作过于执着的艺术家。

“还有那里……还有那里……”他走回去，把台架转过来，又修改了一下。时而，他的双眉苦恼地紧蹙着。他捏好小块的黏土，粘在塑像身上，又刮开一些。他完全陷入了创作之中。

这样过了半点钟、一点钟……罗丹的动作越来越有力，情绪更为激动，如醉如痴，他没有再向茨威格说过一句话。

除了他要创造更崇高的形体的意念，整个世界对他来说好像已经消失了。

最后，工作完毕，他才舒坦地扔下刮刀，像一个多情的男子把披肩披到他情人肩上那样，温存地用湿布蒙上女正身塑像，然后径自走向门外。

快走到门口的时候，他突然看见了茨威格。就在这时，他才记起他还有个朋友在旁边。他意识到了自己的失礼，赶紧惊慌地说："对不起，茨威格，我完全把你忘记了，可是你知道……"茨威格被罗丹的工作热忱深深地打动了，握着他的手，紧紧地握着，什么话也说不出来了。

罗丹这种追求完美的精神让他创作出了优秀的作品，但是，我们要记住，学习这种追求完美的精神，但不能陷入过分苛求完美的陷阱，否则，最终一无所获。

智慧锦囊

要永远做得比要求的更多、更好。

——陈安之

凡物莫不相异，相信自己的独特性

益川敏英在2008年获得了诺贝尔物理学奖，他站在领奖台上激动地用蹩脚的英语发表了获奖感言。颁奖礼结束后，媒体争相采访他，让他谈谈相关专业和研究路上的阻碍。他笑着说，最大的阻碍就是英语。

当益川敏英还是个大学生的时候，英语就成为他最头疼的一门学科。在诸多专业课程中，他的英语是全年级垫底。英语老师经常用恨铁不成钢的语气跟他说：“如果英语一直这么差，就没办法出国，更没办法看懂英文版的教材。你不是一直想到剑桥大学进修物理专业吗？不是想成为诺贝尔那样的人吗？可英语不过关，你怎么实现理想？”

益川敏英比任何人都知道自己对学好英语的渴望，但不论他怎么努力，都无法提起对英语的兴趣。为了学好英语，他每天都会朗读和背诵，甚至跟同学也用英语交流。但日子一天天过去，英语就是一点儿进步都没有。同学听到他的英语，都问他：“你说什么？是英语吗？为什么一句都听不懂？”

没有进步，益川敏英的学习热情更加难以被点燃。逐渐地，没热情变成了痛恨，他有时恨不得把所有英文书都撕了、烧了、扔了。难道学不好英语，就真的无法实现理想吗？他去向自己最尊敬的物理学教授请教，得到的答案是：

“不会英语，你这一生获得的成就便有限；不会英语，你无法跟国际上优秀的物理学家进行学术交流；不会英语，很多更专业、更深刻的问题无法看懂；不会英语，就没法获得出国留学的资格；不会英语，许多国际物理学权威的学术报告就看不懂。”

不会英语，这是致命伤吗？难道不会英语，就不能成为优秀的物理学家，理想就没法实现了吗？难道不会英语，就没法成为诺贝尔那样的人吗？益川敏英大受打击，越想越沮丧，越想越颓废，甚至想就此放弃钟爱的物理专业。他跑到一家酒馆，借酒消愁，想是否就这样放弃。

酒馆里坐满了微醺的客人，有的人笑，有的人哭；有的人高谈阔论，有的人沉默不语。这个时候，不知从哪里跳出一只猴子，它拿着一瓶酒和一个杯子，飞快奔向一桌客人，然后麻利地将酒和酒杯放在客人面前。很快，那只猴子又从后厨拿来一瓶酒，放到益川敏英的面前。益川敏英惊呆了，猴子也可以当服务生吗？他醉醺醺地问老板，怎么能把猴子训练得跟人一样。老板说：“不管是猴子还是人，总有一项长处，只要挖掘并加以强化，就能成功。这只猴子就具有这样的本领，我一直训练它。这期间很多人都说我痴人说梦，可我还是坚持训练它。不到一年，我就把它训练成出色的服务生。你不知道吗？欧洲的猪都能排雷呢。”

这番话就像一根从悬崖上垂下的绳索，紧紧拉住了处于悬崖下的益川敏英。不管是猴子还是人，总有一项长处。没错，我的长处就是物理，为什么要揪着英文不放？难道没有英文，我就不能再继续学习物理了吗？就这样，益川敏英开始专心研究物理，并在大学毕业后留在名古屋大学。

几年后，他调动到京都产业大学，认识了同样优秀的物理学家小林诚，两人开始精诚合作，逐渐在“六元模型”的研究里打开天地。很快，“六元模型”实验成功。益川敏英和小林诚一起获得了2008年的诺贝尔物理学奖。

故事中的物理学教授所说的，当然并没有错，学会英语可以为成功提供许多便利，不会英语也确实为学业的更进步设置了阻碍。然而，这只是一种适用于大多数人的常态，并非绝对的定论。益川敏英则用他自己的成功向世人证明了，阻碍完全可以想办法跃过去，只要不懈努力、坚定向前，绕开众人都在走的康庄大道，也能另辟蹊径，走向目的地！没有必要完全按照别人都走的路去走。

德国哲学家莱布尼茨在担任“宫廷顾问”时，有一次，被皇帝询问到有关哲学的问题，于是他用树叶证明了任何事物都有共性，同时也证明了“凡物莫不相异，天地间没有两个彼此完全相同的东西”。

是啊，我们都知道，世界上没有两片完全相同的树叶，同样，世界上也没有完全相同的两个人。可是，在现实生活中，却有太多人不自觉地去模仿他人、去按照大多数人认同的世俗观念去生活，他们不仅拘束着自己的个性，同时还以异样的眼光去看待他人的个性，斥责其为“离经叛道”。

为什么要这样呢？虽然我们生而为人，必然存在共性，但真的不用，也根本不可能活成同一个样子。你就是你，独一无二的你，而我就是我，独一无二的我，我们都不是别人可以随意取代的。所以，在不妨碍他人的、可以控制的范围内，我们大可以放纵自己一些，活成让自己最快乐、最舒适的姿态。

秋天到了，果园里的一棵白杨树哭了，因为苹果树、梨树等都硕果累累，就只有它没结果子。它看着身旁的苹果树说：“真羡慕你，满枝头都是红彤彤的大苹果。”苹果树笑了笑，说：“只要努力就一定能够结出果子的，你今年一直不用心，因此没有收获。结果子不是什么难事，来年只要好好奋斗，就一定会有果实的。”白杨树听得很伤心，它清楚自己比苹果树还努力。

一天，果园里来了一只雕，看到白杨树闷闷不乐的样子，就走上前去问原因，白杨树向它说了自己的困惑。雕对白杨树说：“地球上有很多植物都有你这样的苦恼，事实上你根本就没有必要为此难过。你就是你自己，永远都没有办法变成别人，同样别人再怎么努力也变不成你！”

“可是……别的树都能结果子，就我不能。”白杨树说。

“你不用结果子，因为你的职责不是结果实。你就是一棵不结果子的白杨树啊，这就是你的特色！”说完，雕展开翅膀飞走了。

白杨树陷入了沉思：“做我自己？怎么做自己呢？”雕刚才说过的那句话开始在它脑海中回旋：“你就是一棵不结果子的白杨树，这就是你的特色。”白杨树茅塞顿开。它明白了，自己不是苹果树，当然不可能结出苹果来。它是一棵白杨，它的使命不是结果子，而是长得又粗又壮，为他人遮风挡雨。

很多人经常产生比如“别人能干的事情我为什么不能？”“别人都是这么做的，我这样做是对的吗？”这一类的烦恼，却忘了换个角度想想，我们本来就不是别人，何必一定要跟别人一样？他人有他人的追求和努力的方向，我们也有自己的生活和梦想，既然我们不会去刻意分辨两片叶子哪一片更好、更美，也不会去指责不结果的白杨树没有用，那么我们也不必将眼光停驻在他人身上，而应该做真正的自己。

请记住，在人生的道路上，我们要认清自己与他人的“共性”，更要相信自己的“独特性”，唯有这样，我们的才能和力量才能被挖掘出来并得到发展，绽放出与众不同的风采。

智慧锦囊

没有个性，人类的伟大就不存在了。

——让·保尔

记住自己的优势

一个人想击败对手，往往会忘了自己的优势，却沿着对手的思路进行思考，照搬照抄别人的做法。但是，一个走“抄袭”道路的人是根本无法进入别人最为熟悉也最有优势的领域的。人生也是如此，不论你境况如何，你都不会一无是处。譬如诚实、自信、坚强，或者一项技能，你只要拥有其中的一项，并且让它很优秀，它就会成为你一生的资本。

某单位的外贸部有两位年轻人，一位是日语翻译，一位是英语翻译。两人都是名牌大学毕业，风华正茂，在单位领导的眼里，两人都是未来的外贸部经理候选人。对此，两人心照不宣，在工作上暗暗较劲，你追我赶，每年的业绩完成得均十分理想。

单位原先有日商投资，因此单位经营层经常需要和日本人打交道，理所当然，那位学日语的年轻人经常在公开场合露面。一时间，他在单位里的口碑好于那位英语翻译。

英语翻译坐不住了，照此下去，他肯定会处于劣势，失去很好的晋升机会。于是，他决定凭着大学时选修过日语的基础，暗暗学习日语，准备超越对手。

为了不让别人知道，他学日语是在暗中进行的，他几乎把业余时间都花在了日语的学习上。

几年过去了，他拥有了一张日语等级证书。他开始尝试着与日商进行会话，帮助营销员处理一些日文的翻译任务。同事们对他掌握两门语言十分佩服，他自己也有一种成就感。但就在他自我感觉良好的时候，他在翻译澳大利亚商人的贸易合同时关键词汇失误，给公司造成10万美元的损失。虽然事后公司通过谈判，挽回了部分损失，但公司董事长为此十分震怒。他也十分内疚，但实在想不明白，为什么会误译一个并不生僻的单词。

反省再三，他醒悟过来，这些年忙学日语，早已疏于对英语词汇的充实和温习，错误的发生其实是可以避免的。他在自己的专业上败下阵来，而且他的日语即使苦学几载，也无法达到对手的水平，他悔之不及。

“金无足赤，人无完人”，这个世界上没有一个人是完美的，每个人都有自身的优势与短处。只要时刻记住自身的优势，扬己之长、避己之短，将自己的优势充分发挥出来，就能够取得成功。

凯恩是一位优秀的职业拳击运动员，他的身手敏捷，反应迅速，以快著称，能以快速而连续的拳法将对手打倒在地。凯恩凭借着他擅长的快拳经常在各种大大小小的搏击比赛中脱颖而出，获得了很多的奖牌和荣誉。

在一次顶级的搏击比赛中，凯恩遇到了一个非常难缠的对手威廉。威廉的身手并不算敏捷，但他的出拳力量大得惊人，只要稍不留心挨了他的一拳，就会被打趴在地，很难再爬起来继续比赛。凯恩意识到这一点，在和威廉的比赛中，他左躲右闪，想尽一切办法尽可能地避开威廉的重拳，但糟糕的事情还是发生了，凯恩在躲闪中一不留神被威廉重重地击了一拳。凯恩顿时眼冒金星，踉跄地倒在了搏击台上，直到裁判员数到第十下，他仍然没能够再站起来。

落败的凯恩心里很不服气，他想，既然威廉的重拳那么厉害，那么从现在开始我也要加大力量地训练，让自己的出拳变得更有威力。

不久，凯恩和威廉又一次在搏击比赛中相遇了。凯恩认为自己花费了不少时间和精力进行了力量训练，这次一定能够打败威廉，以雪上次的耻辱。

然而，比赛还没进行多久，凯恩就明显感觉吃不消了，由于他把时间和精力都放在了力量训练上，他原本擅长的快拳明显变慢了，身手也没有原来那样敏捷，而他寄予厚望、苦苦练习的重拳并没有威廉的厉害，最终的比赛结果可想而知，凯恩再次被打败了。

二次败北的凯恩痛定思痛，终于明白了自己真正的优势是快拳，于是他拼命地练习快拳，将自己的出拳速度在原有的基础上又提高了一大截。在第三次和威廉的比赛中，凯恩凭借着他那迅雷不及掩耳的快拳打得威廉毫无招架之力，轻松地赢得了比赛的胜利。

每个人都有自己的优点，如果我们在做每件事时能做到发挥自己的优点，那么许多事情都会容易地多。

智慧锦囊

张扬优势，走属于自己的人生之路；拓展优势，不要停止自我提升和磨砺。

——佚名

接纳最真实的自己

接纳自己代表着要接纳自己的一切，无论是闪光的优点，还是黯淡的缺点，当你能够真正开始接纳自己时，那些令你自卑的劣势将变得再平常不过，因为那都是组成你自身的一部分，它们都是上天的恩赐，不过是放错了地方的宝贝。如果我们能换一个角度，换一种方式，你会发现，缺点也可以变成优点。当我们能真正学会接纳一切，我们才可以摆正自己的位置，看清自己的优势和劣势所在，从而寻找更加适合自己发展的机会，这样才有力量去改变、去成长，走向更加光明美好的未来。

前不久，有幸聆听了一位仰慕已久但从未谋面的美国知名企业家的讲座。企业家个头矮小，其貌不扬，与我的想象大相径庭。

讲座中，我向企业家提了一个问题："作为一名成功人士，您认为，在成功的诸多前提中，最重要的是什么？"

企业家没有直接回答我的问题，而是讲了一个故事：

多年前的一个傍晚，一位叫亨利的青年移民站在河边发呆。这天是他30岁生日。可他不知道自己是否还有活下去的必要。因为亨利从小在福利院里长大，身材矮小，长相也不漂亮，讲话又带着浓厚的法国乡下口音，所以他一直很瞧不起自己，认为自己是一个既丑又笨的乡巴佬，连最普通的工作都不敢去应聘。没有工作，也没有家。

就在亨利徘徊于生死之间的时候，与他一起在福利院长大的好朋友约翰兴冲冲地跑过来对他说："亨利，告诉你一个好消息！”

“好消息从来就不属于我。”亨利一脸悲戚。

“不，我刚刚从收音机里听到一则消息，拿破仑曾经丢失了一个孙子。播音员描述的相貌特征与你丝毫不差！”

“真的吗？我竟然是拿破仑的孙子？”亨利一下子精神大振。联想到爷爷曾经以矮小的身材指挥着千军万马，用带着泥土芳香的法语发出威严的命令，他顿感自己矮小的身材同样充满力量，讲话时的法国口音也带着几分高贵和威严。

第二天一大早，亨利便满怀自信地来到一家大公司应聘。

20年后，已成为这家大公司总裁的亨利，查证自己并非拿破仑的孙子，但这早已不重要了。

“是的，大家也许已经猜到了，这位亨利就是我。”企业家的表情由微笑变为严肃，“接纳自己、欣赏自己，将所有的自卑全都抛到九霄云外。我认为，这就是成功最重要的前提！”

人生在世，最好的朋友是自己，最大的对手也是自己，只有真正了解自身的优势与不足，才能进步。如果不能接纳真实的自己，处处与自己为敌，不但影响自己的人生，还会排斥自己、厌恶自己。试问，一个连自己都喜爱不起来的人，又如何能得到别人的喜爱。因此，不管我们多么不喜欢自己的缺点，既然事实已经无法改变，那我们就不要再去逃避，勇敢地接纳自己，你会发现，无论好坏，自己都是这世上独一无二的存在。

有一位年轻人，总是希望自己能做到完美，在他即将远行时，他虔诚地拜访佛祖，问道：“佛祖，我希望我的人生之路是完美的，我应该怎样做呢？”

佛祖回答他说：“你不妨把这里当作你远行的起点，从这里走出去，你会看到三重门，每一重门上都写着一句箴言，你要按照那句话去做，当你跨过三重大门时，我会在门外等你。”

年轻人听了佛祖的话，转身走了出去，不久他就看到了第一重门，门上写着“改变世界”。年轻人开始按照自己的理想去改变世界，把自己不喜欢的一切统统去掉，取而代之的是他自认为完美的事物，然而世界并没有因此就变得完美，年轻人认为自己做得还不够，也许答案在第二重门上，因此他收拾行装，继续前行。

没多久，年轻人来到了第二重门前，上面写着“改变别人”。年轻人顿悟，难怪自己无法改变世界，那是因为其他人没有改变，大家的想法见地都不尽相同，自然无法和谐共处。年轻人想，一定要用自己完美的思想去改变他们，让世界向更好的方向发展。可是，他发现人们根本不理会他，世界也还是那样不完美，他只得期待第三重门能够带给他新的启发。

当他来到第三重门前，发现上面写着“改变自己”。年轻人这才恍然大悟：与其改变世界，不如去改变世界上的人，而与其改变别人，不如改变自己。

年轻人推开门，见到了等在门后的佛祖，他感谢佛祖对他的教诲，佛祖听完他的体会后笑了笑，说：“你现在可以往回走，再回去仔细看看那三重门，或许你会有不一样的发现。”

年轻人将信将疑地转过身，准备往回走。这次，他看到第三重门上写着“接纳自己”，他突然明白为什么自己在改变自己的时候总是自责、苦恼，因为他拒绝承认和接受自己的缺点，总是把目光放在自己做不到的事情上，而忽略了自己的长处。在第二重门上，他看到的是“接纳别人”。他开始明白自己为什么在改变别人的时候那么艰难，因为他拒绝接受别人和自己存在的差异，不能从别人的角度去理解和体谅他人。在第一重门上写着“接纳世界”。他渐渐明白自己为什么无法改变自己。因为他拒绝承认世界上有许多事情是自己做不到的，总是勉强为之，而忽略了更适合自己、自己可以做得更好的事情。

佛祖对年轻人说：“你只有接纳了自己，才能真正懂得如何接纳别人，接纳世界，一切的成功都要从接纳自己开始，那才是改变的第一步。如果明白这个道理，你就可以去远行了。”

成功的人，从来不是必须优秀或者完美。真正的成功来源于自我接纳！从现在开始，爱自己、接纳自己。

智慧锦囊

必须敢于正视，这才可望敢想、敢说、敢做、敢当。倘使想正视而不敢，此外还能成什么气候。

——鲁迅

第四章

学会坦然，计较的人生与快乐无缘

人生太多无奈，学会接受不可改变的一切

人生中有很多事情，常常让我们感到非常无奈。比如物价飞涨，可我们的工资却不动；越来越大的贫富分化；越来越恶劣的生存环境……这些事情都是我们没有能力改变的；再如妻离子散，家破人亡，天灾人祸……对于这些所不能改变的，我们任何人都无能为力，我们做什么都已经无济于事，所以我们只能举起双手投降。因为对于不能改变的事，我们只有接受，唯有接受才是最好的选择。

有一个几岁大的女孩，在她刚刚生下来就被亲生父母遗弃在草丛里，被一个穷苦的单身汉收养了。由于贫穷，单身汉买不起奶粉，因此只好喂她米汤。她从 5 岁起就懂得帮爸爸分担家务，洗衣服、做饭、割草，到 8 岁还没穿过一双袜子。

这么一个人见人爱的女孩子，却得了白血病，需要 30 万元的医疗费。这时，她作出了一个让人震惊的决定，她自己在病历本上一笔一画地写下“自愿放弃治疗”六个字。

这件事情被报道后，在短短 10 天内，爱心人士的捐款就已经超过了 56 万元，但是金钱换不回一个 8 岁的生命。遵照遗愿，她留下的 56 万元救命钱被分成七份，给其他被白血病困扰的孩子。她的墓碑正面，刻着她亲口说过的六个字：我来过，我很乖。

在我们看来，这个不公平的世界没有给过这个女孩任何的幸运，她承受了太多常人所不能承受的痛苦。然而这个小女孩却对这个世界充满了爱意和理解，那就是：我来过，我很乖。

生活不可能是一帆风顺的幸福之旅，它很有可能摇摆在幸与不幸、光明与黑暗之间。如果我们一看到麻烦和苦难，就像鸵鸟一样把头埋在沙堆里面，这些麻烦和苦难也不会因你的消极悲观获得解决。生活中的苦难不过是人生中的一部分，只有勇敢地接受和面对它，才是真正成熟的表现。

托马斯·卡莱尔在他40岁的时候完成了自己的第一本著作，这本书穷尽了他前半生的心血，他迫不及待地将书稿交给了自己的好友穆勒，请他担当书稿的第一读者。

穆勒推掉所有的事务，将自己关在雅静的书房，将全书仔细而完整地阅读了一遍。穆勒强烈地感觉到，这是一本了不起的著作。当他读完最后一页，抑制不住内心的激动，将书稿放在椅子上，走出书房，思考该如何用自己的影响力，使这本伟大的著作能尽快引起外界的关注。

然而，当穆勒离开书房后，一阵风吹来，将椅子上的书稿吹落了一地，女佣看到散落在地上的书稿，以为是被主人丢弃的废纸，便将它们捡拾干净，并顺手投到了火炉里！

这真是一个令人很难承受的灾难，怀着巨大的痛苦和内疚，穆勒来到卡莱尔家中，将这个难以启齿的坏消息告诉了卡莱尔，卡莱尔一下子惊呆了。最终，从震惊中清醒过来的卡莱尔对愧疚难当的好友说道："好了，我的朋友，你不必那么痛苦。我已经决定了，从现在起，我将重写这本书。"

然而，重写谈何容易。对一位作家而言，将一部已经完成的著作靠记忆重写一遍，比重新写一篇更为吃力和痛苦。卡莱尔顶住巨大的精神煎熬，以无比坚忍的毅力，终于在数月后将书稿重新完成。

在得知卡莱尔重新完成书稿后，穆勒向好友发问道：“我完全能够想象这项工作的艰巨性，我想知道的是，你的动力究竟来自哪里？”卡莱尔微笑着回答道：“我们没有能力去阻止已经发生的事情，但我们有能力去改变已经发生的事情对我们现在生活的影响。”

接受，然后才能努力用自己的能力去改变。即使我们已经是世间最不幸的人，即使我们已无法改变自己的命运，但我们仍然可以把握一样东西，那就是我们对待生命的态度。

有一架航机，当快要降落的时候遇到了乱流。飞机不断上下震荡，桌上的刀叉全都飞到了天花板上，然后又像乱箭一样掉下来。飞机上的很多乘客都发出尖叫声。

10分钟后，飞机的状况越来越糟。那些尖叫的人，已经声嘶力竭了。这个时候，有人看到飞机上有个和尚，开始念起经来。这时，有宗教信仰的人也开始仿效他，整个机舱里充满了各式各样祷告和念经的声音。然而，飞机的震荡幅度仍旧有增无减。

等到经念完了，全部的人都陷入了寂静之中，这个时候，有位老先生以沉稳的声音打破了寂静，他说：“请大家把身份证都放进内衣里吧。”全机愕然。老先生解释道：“这样，万一发生了什么事，别人才会认得出你是谁。家人才找得到你。”于是所有的乘客都默默地照做了。

所幸飞机并没有失事，在降落前恢复了平稳，呆若木鸡的乘客，在惊吓中听到了起落架触地的声音。

无论遇到什么情况，只要我们已经尽力，就要做到坦然面对，清除无法改变之事带来的坏心情，保持坦然接受的轻松心态。那么，我们具体该怎么做呢？

1. 我们要去面对苦难、接受挫折

当你强迫自己接受苦难的事实，便已预备要让时间来治疗心灵的痛楚。但是如果你抗拒命运，就好比把毒药倒在伤口上，这就导致无法让自己开始新的生活。

2. 当我们遇到巨大的打击和苦难时，要给时间一个机会

当我们刚遭受打击的时候，似乎天都塌了。但无论如何，我们总得往前走，还是得去完成我们该完成的使命。当我们完成了这些生命中的一项又一项工作时，你会发现，曾经撕心裂肺的痛已经结疤了。终有一天，我们又能唤起以往快乐的回忆，在新的生活中不被伤害。

3. 用百倍的勇气来应付不幸

尼采有一句话：“受苦的人没有悲观的权利，只有受过苦难的人才真正理解成功的可贵。”如果当我们在逆境面前选择做个逃兵的话，就只能说明你是个怯懦者，真正的勇士敢于直面人生，敢于承受生命之痛，这才是生活的强者。你要时不时地反问自己，沮丧有用吗？你得到了一些一定会失去一些，你失去了一些东西也一定会得到一些东西，如果你什么都想得到，怎么可能？

很多悲剧发生时，我们可能常常这样自语：“为什么是我呢？这太不公平了！”然而，如果你任由自己陷入怨恨与绝望中，就永远无法真正地走出困境。那么，你要学会怎样控制自己对事情的态度。因为如果你不控制它们，那么反过来它们会控制你，所以，我们只有坦然地接受，慢慢地你就会发现，你是这个世界上最幸福的人。

智慧锦囊

谁能不迟不早地成熟，逐渐对生活的冷酷不幸学会忍受，谁就是幸福。

——普希金

何必去比较，人生本就是成就自我的修行

有句话说得好："人生之累，累在心，心之累，一半源于生存，一半来自攀比。"

每个人都有不容易，都有道不尽的难处，如果只是一味地比较，嫉妒就会宰割你的幸福，山有山的高度，水有水的深度，每个人都有适合自己的生活，你的酸甜苦辣别人也永远尝不到。不必攀比，不必抱怨，不必计较，这只会给你徒增烦恼，调整好自己的心态，幸福才有所依附。

有一位年老的富翁，非常担心他从小娇惯的儿子，虽然他有庞大财产，却害怕遗留给儿子反而带来祸害。他想：与其将财产留给孩子，还不如教他自己去奋斗。他把儿子叫来，对儿子说了他如何白手起家，经过艰苦的奋斗才有今天。他的故事感动了这位从未走出过远门的青年，激发了奋斗的勇气，于是他发愿：如果找不到宝物绝不返乡。

青年打造了一艘坚固的大船，在亲友的欢送中出海。他驾船渡过了险恶的风浪，经过无数的岛屿，最后在热带雨林中找到一种树木。这种树木高达十余公尺，在一片大雨林中只有一两株。砍下这种树木，经过一年时间让外皮朽烂，留下木心沉黑的部分，会散发一种无比的香气，放在水中不像别的树木浮在水面而会沉到水底。青年心想：这真是无比的

宝物呀！

青年把香味无以比拟的树木运到市场出售，可是没有人来买他的树木，这让他非常烦恼。偏偏在青年隔壁的摊位上有人在卖木炭，那小贩的木炭总是很快就卖光了。刚开始的时候青年还不为所动，日子一天天过去，终于使他的信心动摇，他想：“既然木炭这么好卖，为什么我不把香树变成木炭来卖呢？”

第二天，他果然把香木烧成木炭，挑到市场，一天就卖光了，青年非常高兴自己能改变心意，得意地回家告诉他的老父，老父听了，忍不住落下泪来。原来，青年烧成木炭的香木，正是这个世界上最珍贵的树木“沉香”，只要切下一块磨成粉屑，价值就超过了一车的木炭。

这个故事告诉我们：许多人手里有沉香，却不知它的珍贵，反而羡慕别人手中的木炭，最后竟丢弃了自己的珍宝。

的确，和他人比较是人类进步的动力之一，它可以激励我们努力做到更好。但与此同时，如果没有把握好分寸，比较也就成了人类最大的痛苦之一。比如，一味向下比的人容易产生满足心理，于是开始变得懈怠，丧失斗志；一味向上比的人，则可能会变得不知足，开始不满现状，抱怨生活，甚至怨天尤人。

下面这个故事里的青年正是如此：

有一位青年，垂头丧气地走在河边，看着奔流的河水，他在考虑要不要一头跳下去。一个老人经过河边，看见了青年，问他："年轻人，你怎么了？"

青年哀叹一声，告诉老人："我年届三十，却仍然一事无成。我的妻子简直就是个让人厌烦的黄脸婆，总是喋喋不休地说我不如别人。活着真没意思，我真的不想再继续这样的生活了。"

"那么，你为什么一事无成呢？"老人问。

青年沉默了半晌，自嘲地说："因为没本事呗。"

"能跟我说说你的理想吗？或许我可以帮助你实现它。"老人说。

"我原本有两个理想，一个是成为家财万贯的富翁，还有一个就是娶一个漂亮的女子当老婆。"

"呵呵，这些都很容易！"老人说，"你跟我来！"

青年跟在老人后面，随他一起去了一个富翁家，富翁家的别墅富丽堂皇，让青年羡慕不已。然而，看到房子的主人时，青年惊呆了。那是个什么样的人呢？面色蜡黄、骨瘦如柴，他们看见他时，他正奄奄一息地躺在床上，不住地咳嗽。

"他不惜生命地去追求财富，现在，他腰缠万贯却病得一塌糊涂。他的三个儿子非但不管，还希望他能死得早一些，他们好继承财产。”老人对青年说。

从富翁家出来，老人又将青年带到了另外一户人家，那里有一位漂亮的女子。他们去的时候，女子正在对佣人发脾气，她嘴里脏话连篇，作为旁观者的他们都听不惯，何况是佣人？

离开那里之后，老人问青年：“你可以从那两个理想中随便选一个，我都能够满足你！”

“不，我什么都不要！”青年说，“因为我发现自己什么都不缺。”

生活中，有很多人总是喜欢将视线放在别人拥有但自己没有的事物上，于是对别人充满了羡慕，对自己却充满了自责，这是一种盲目的、不健康的比较方式。

人生的缺憾，最大的就是和别人比较，和高人比较使我们自卑；和俗人比较，使我们下流；和下人比较，使我们骄满。外来的比较是我们心灵动荡不能自在的来源，也使得大部分的人都迷失了自我，障蔽自己心灵原有的氤氲馨香。因此，一个人战胜一千个敌人一千次，远不及他战胜自己一次！

一个常年生活在山坳里的年轻人，在父亲去世之后再也无法忍受这样单调而寂寞的生活，于是背着行囊离开了家，准备去寻找一种繁华而美好的生活。

在半路上，他遇到了一个来自大城市的年轻人。这个年轻人是因为厌倦了城市的喧闹而离开，想找寻一种宁静而安稳的生活。

来自山坳里的年轻人说道：“宁静而安稳的生活？另一种说法就是单调而寂寞。你知道吗，我家住在大山的深处，要想到邻居家串个门都得翻越两座山。每天一睁开眼睛，我看到的都是门前那条永远都在静静流淌的小溪，以及屋后从未改变的果树、菜园。吃的永远都是自己种的东西。生活中最大的乐趣恐怕也就是无聊的时候进山转转，但是也只能和那些花花草草或者山间的野兔、小鸟说说话。我真是烦透了这种生活！”

来自大城市的年轻人听他说完，感叹道：“你真是身在福中不知福！小溪、果树、菜园、花花草草，还有野兔、小鸟，那是多么美丽的地方，那是多么闲适而美好的时光。等你到了大城市，你就会知道，每天一睁开眼睛就要面对没完没了的工作，戴着面具和各种人打交道，那是多么痛苦的事情。”

“那真是我梦寐以求的生活！”

“既然这样，我们不如换一下生活。”

两人就这样达成了协议，山坳里的年轻人来到了那个大城市，大城市的那个年轻人来到了那个山坳。他们都过上了自己一直以来向往的那种生活。

一个月之后，他们再次在途中相遇。

“我还是怀念以前的生活！”两人几乎同时说出了这句话。

然后，来自山坳里的年轻人说：“在大城市生活，我不知道该怎样工作，如何与别人打交道。浑浊的空气让我觉得呼吸不畅，过滤后的自来水也不好喝。我常常想念山坳里清新的空气、门前那条小溪以及屋后没有农药的青菜。经过这一个月我才知道，自己曾经厌烦的生活是多么美好。”

还没等他说完，来自大城市的年轻人就打断了他的话：“我也是！我根本不会干农活儿，那个菜园因为疏于打理早就杂草丛生。而且我也受不了这里过于安静的夜晚，让人害怕。我还是习惯吃别人种好的菜，还是习惯睡在时不时响起的汽车喇叭声中。”

喜欢探索未知的一切，是人类的天性，但很多时候，在这种探索心理过于膨胀时，人们往往被那未知的光环所迷惑，认为那就是美好的、快乐的，却忽略了自己所拥有的、习以为常的幸福。

事实上，每一种生活都有不足之处，每一种生活也都会有美好的一面，最重要的是我们愿意停下匆忙的脚步，用心去观察，去体会，找出真正适合自己的，珍惜真正属于自己的。

我们还要知道，也许世界并非是绝对公平的，但无论是谁，都不可能拥有全部，而每个人也都拥有一些属于自己的、别人求之不得的东西。若不能将眼界放宽，只狭隘地用自己所缺去对比别人所有，自然只能产生郁闷、烦恼和痛苦。因此，我们没有必要盲目地羡慕他人，更不用太在意别人怎么活，我们拥有怎样的幸福，我们自己一清二楚。

智慧锦囊

生活不是攀比，幸福源自珍惜。

——爱默生

要想活得潇洒，必要放下心结

我们要想活得更精彩，必然要放下所有心结，把坦然作为我们潇洒风度的一部分，我们的人生才会更加有意义，因此，我们没必要为一些琐事烦心。

小沙弥去担水，在回来的路上被蛇咬伤。

回寺院处理好伤口之后，小沙弥找到一根长长的竹竿，准备去打蛇。慧清法师见状，过来询问。小沙弥把事情对慧清法师讲了，法师问事发地点在哪里，小沙弥说在寺院北坡的草地。

慧清法师又问道："你的伤口还疼吗？"小沙弥说不疼了。

"既然不疼了，为什么还要去打蛇？"

"因为我恨它！"

"它咬疼了你，你就恨它，那你踩疼了它，它也恨你，也该咬你。你们双方因恨结怨，可你是人，你该早些放下心头的仇恨。"

小沙弥一脸的不服："可我不是圣人，做不到心中无恨。"

慧清法师微微笑道："圣人不是没有仇恨，而是善于化解仇恨。"

小沙弥抢白说："难道说我把被蛇咬当作被松果打中脑

袋，或者半路被雨淋一样，我就成了圣人？如此说来，做圣人也太容易了吧！”

慧清法师摇摇头：“圣人不仅懂得化解自己的仇恨，更善于化解对方的仇恨。”

小沙弥怔住了，呆呆地望着慧清法师。

慧清法师说：“世人对待仇恨有三种做法。第一种是记仇，等于在心里搁了一块土坷垃，自己总是生活在恨意带来的痛苦中；第二种是尽快忘掉仇恨，还自己平和与快乐，等于把土坷垃弄碎，在上面种了花；第三种是主动与仇人和解，解开对方的心结，等于是摘下花朵赠给对方。能做到第三种，就与圣人的境界差不远了。”

小沙弥点点头。

不久，北坡草地上出现了一条高于地面的窄窄的石板路，那是小沙弥修建的，之后这里再也没有发生过蛇伤人的事情。

俗话说：“人生不如意十之八九。”人的一生会遇到很多高兴、幸福、顺心的事，同样也会面对挫折和苦难。所以，生活中有些事情并不用太过在意，有一种宽容叫不计较，它是人生中一笔很重要的财富，当你能够平和地对待生命中的每一个人和每一件事时，你将跨越我们在工作、生活中经历的每个沟坎，从而收获满满的快乐和幸福。

好脾气的乔乔刚刚经历一场失败的爱情，这场恋情以男友出轨自己的闺蜜而告终，面对爱情和友情的双背叛，乔乔并没有表现得多痛苦。周围看不过去的朋友纷纷给她支招儿，让她给那对男女一点教训，但乔乔却不甚在意地摆摆手：“算了吧，是我没有那个缘分，我愿意祝他们幸福。若非要报复回去，那我跟他们有什么区别？”

乔乔的好脾气，让朋友们无话可说，大家都有种恨铁不成钢的感觉。在工作上，当同事们都在钩心斗角、拼命奉承上级时，乔乔依然无动于衷，有人劝她，她还振振有词：“我靠自己的能力吃饭，为什么要去讨好那些两面三刀的人，我离他们远一些就是了。”因此，生性耿直又不圆滑的乔乔，被上级安排做了很多分里分外的工作，但工资、奖金却一点也没有提升，有人背地里嘲笑她“傻”，乔乔即使知道也不以为意，依旧努力工作，整日把自己弄得精疲力竭，却一点怨言都没有。

让人意外的是，有一天，乔乔居然找到老板，要求给自己升职加薪，老板对她的工作能力表示赞赏，却没有同意她的要求。

更出人意料的是，乔乔毅然决然辞掉了工作，开了间自己的工作室，从申请执照，招聘，到工作室开张，忙得连休息的时间都没有，朋友们看着瘦了很多的乔乔，纷纷替她不值。身份变了，事情多了，担负的责任也大了，一个女孩子，这么拼命做什么。面对朋友们的疑问，乔乔依然乐呵呵地坚持着。

慢慢地，乔乔那间小工作室变成了大公司，曾经的小职员乔乔也摇身成了大老板，事业成功的同时，乔乔还收获了一份美好的爱情，那个他，懂她，愿意与她一起奋斗，一起努力。

现在，朋友们都不敢相信，那个只知埋头苦干的傻乔乔，怎么突然有了这么好的运气，得到了所有大家梦寐以求的幸福，难道真是傻人有傻福？

乔乔笑着说："我不是傻，而是不愿意为不值得的事计较，不为别的事分心，所以才更容易得到幸福。"

生活中，不能坦然面对一切的人并不少，他们在与人相处时，更在意自己是否吃亏上当，如果他们跟乔乔一样，遭遇了男友和闺蜜的背叛。被同事欺负、被领导忽视的事情，恐怕绝不会忍气吞声，非要争辩个子丑寅卯来，可那样一来，只会掉入报复的旋涡，哪里有精力去做自己真正喜欢的事呢？

唐太宗时期，一次，一个运粮的官员，由于发生粮船沉没的事故而受到处罚，卢承庆在考功时给这位官员评定为"中下"等级。那位官员得知后，既没有提出意见，也没有任何疑惧的表情。卢承庆继而一想，"粮船沉没，不是他个人的责任，也不是他个人力量所能挽救的”，因此决定改评为“中中”等级。那个官员依然没有发表意见，既不说一句虚伪的感谢话，也没有感动的神色。卢承庆见他这样非常赞赏，脱口称赞：“好，宠辱不惊，难得！难得！”当即又把他的功绩改为“中上”等级。

有的人将得失荣辱深藏于心，有的人则因受宠而得意忘形。具有包容心、坦然态度的人，自然能做到宠辱不惊。

坦然是一种美德，更是一种气质，它能让你在茫茫众生中尽显别样风度，让你成为人生中永远的胜利者。

智慧锦囊

只要你不计较得失，人生还有什么不能想法子克服的？

——海明威

幸福不是拥有的多，而是计较的少

幸福如风景，“你站在桥上看风景，看风景的人在楼上看你”。人，总喜欢仰望别人的幸福，却往往忽略了身边的风景。蓦然回首却发现原来自己也正被别人仰望着。幸福不是拥有的多，而是计较的少。当一个人善于享受他目前拥有的一切所带来的喜悦时，那么，他是幸福的。如果一个人不能从内心说服自己，学会珍惜眼前的拥有，那么，纵使他穷尽一生也无法获得内心的富足。

她是一个漂亮的女人，生活在山区，家境贫困，为了给哥哥娶媳妇，父母将她卖给了另一山村的男人。谁知刚刚嫁过去半个月，男人因车祸而亡。婆婆骂她是克星，克死了自己的儿子。同村的人都对她冷眼相看。回自己父母家，嫂子不容她。她心灰意冷至极，在媒人的介绍下，她再婚了。她比他小20多岁。她这次再婚时家乡的人都以为她傍上了大款，只有她自己知道他是一个怎样的人。

他长得又丑又黑，一口向上鼓起的黄牙，脸上有着一道深深的烧伤疤痕。媒人提亲时对于他的长相一字也没有提起，只是说他是一个善良、老实、能干、有手艺的人，就是因为家穷耽误了娶媳妇。

媒人去说亲时，她因为在家中实在无法待下去，就急迫嫁给了这个50多岁的男人。婚礼过后她才知道，他的手艺就是每天在风吹雨淋中修理自行车，再加上他长得丑，她结婚的第一天就有种上当受骗的感觉，但是自己已经没有退路了。

再婚后，男人非常疼爱她，体贴她。她因为对自己的再婚不满，心中时常不快，常常哭泣，每每这时男人总是将她揽入怀中，什么都不问，将她脸上的泪水擦净……男人每隔几天就给她带些小礼物回来，一条纱巾、一盒擦脸油、一块手表、一副手套、一些樱桃。

她长到近30岁从来没有戴过纱巾，更不用说吃樱桃了，樱桃她从来都没有听说过。看着樱桃，她突然觉得有一股无比幸福的感觉涌过心间。她吃樱桃，男人在旁边看着她，她说："给你一个吃吧。"男人赶紧推脱说："不吃，我不爱吃，看着你吃我就快乐。"一次，她上街，偶然问问樱桃的价格，竟然70元1斤。她心酸了，她深知他不是不爱吃樱桃，而是不舍得吃呀！

从此她暗暗发誓要一辈子爱他。早晨，他还没起床，她偷偷起来为他烧好早茶，晚上他修自行车回来时，她已经为他做好热腾腾的饭菜。草原的冬天，天气特别寒冷，男人在外面修自行车回到家时，身体冻得直发抖，女人就用自己的身体为男人暖脚。每到此时，男人都很知足，说自己是有福气才娶到这么漂亮、体贴、温柔的妻子。他的知足话语让女人心花怒放。

一天，女人对男人说：“你一个人在外面修理自行车太辛苦了，我在家待着没事，我和你一起去修。”男人不答应，说自己挣得钱足够养活她的了。女人偏要去。

从此大街上总是能够看到一对老夫少妻在修自行车，他们紧紧地挨着坐，有活就男女一块干，没活时他们有说有笑地谈论着。

男人对女人说：“总有一天，我会走在你前面的。”女人哭了，她说：“我们一起走，做鬼我们仍是夫妻。”男人说：“不行，你一定要在我走后好好活着。我想从下个月开始中午不回去吃饭了，再在学校门口开个摊位，多挣些钱，等到我走后能够给你多留些钱，保证够你晚年生活的费用。另外，我雇人在自己的草场上为你种植玉米，每年会有万元的收入，还为你买了50只公羊，10只母羊，等过些年我走了，羊群也繁殖多了，你每年卖些羊足够你晚年生活的了。”女人再也忍不住扑到男人怀里痛哭起来，她知道从来没有人替她这样着想过，可是眼前这个又丑又老的男人为她想到了年老，她觉得嫁给这个男人她这辈子值了，自己是世界上最幸福的人。

幸福是一种心境，不在于拥有多少，而在于能放下多少。一个人不幸福，主要是妄想太多，贪心太重。明明已经拥有很多，总觉得自己拥有的还不够，得寸进尺，让自己不安心，不快乐，更无幸福而言。

计较是人生痛苦的开始。有些人为了多获得而与人争吵不休，有些人为了名利和人反目成仇，有些人为了小事和人大打出手……在这些人的生活中，总会充满着矛盾和怨气，让自己活得不高兴、不幸福。

人的一生会遇到很多高兴、幸福、顺心的事，同样也会面对挫折和苦难，此时的你是否还能保持一种积极的人生态度？其实，生活中有些事情并不用太过在意，人一生的得失就像是手中握的沙子，只有以不计较的心态摊开手掌，才能获得更多。

智慧锦囊

人真正的幸福不在于他拥有什么，而在于他是什么。

——王尔德

过分执着是成功的阴影

一直以来，这世上有太多人都在孜孜不倦地追求着“成功”。尽管他们对成功的定义各不相同，有的追求名利，有的看重财富，有的关注事业、有的追求爱情，却都不约而同地形成了一种心态：不成功就等于不幸福。

的确，人生在世，有所追求当然是值得肯定的。然而，人们往往没有察觉到，很多时候，自己已经在“成功”面前迷失了。且不说那些为了成功而不择手段、违背良心的现象，单说我们的诸多烦恼，大多都是因为没有得到而衍生出来。

究竟什么是成功？我们追求的成功到底是自己想要的、还是他人要求的？难道在没有实现那所谓的成功之前，我们就必须烦恼不安吗？

一个人去沙漠寻找宝藏。他按照藏宝图的指示不知走了多少路，目标还没到达，身上的食物和水却已经消耗完了。在荒无人烟的沙漠里，前不着村后不着店，别说借宿、行乞了，连个人影都看不到。他又饥又渴，体力完全透支，危在旦夕。

就在他奄奄一息的时候，他向神灵做了最后的祈祷：“神啊，求求你救救我吧！”

没想到，神灵真的出现了，对他说：“你要什么？”

“我只要食物和水，食物和水！”他简直不敢相信这样的好运会降临到自己身上，“哪怕很少的一点食物和水，让我活着走出这片该死的沙漠就行！”

“好，记住你的话！”神灵很快满足了他的愿望。

吃饱喝足之后，寻宝者起身想回家，却不小心看到了手边的藏宝图。他看了看路程，自己很快就会走到宝藏所在地了，已经经历了千难万险，这样空手而归岂不是傻瓜？贪生怕死，回去也会被人笑话呀。

这么想着，他就义无反顾地朝藏宝地走去。在他的坚持下，他终于挖到了那些宝藏，而且比传闻中的还要多，他把带来的所有布袋子都装满，还把自己身上的口袋也塞得满满当当。因此，他不得不使出全身的力气拖着这些袋子，艰难的向前走着。

然而，这样的负重行走让他消耗了很多体力，没走多远就被饥渴感笼罩了。他强打精神提醒自己说：“不怕不怕，我有这么多财宝，只要走出沙漠，想吃什么、想喝什么都可以。”他继续走，步履蹒跚。

路好像长得走不完，沙漠也好似越来越大，完全走不到尽头。他实在受不住了，不得不扔掉一些金银珠宝。适当减负让他轻松不少，但是，这种做法维系的时间很短。他仍旧又饿又渴，两条腿像是灌了铅，迈都迈不开。实在没办法，他就一边走一边扔，直到把所有财宝都丢尽，他还是没能走出沙漠。

最后，他躺在地上，再次等待死亡的降临。不知道是不是已经死了，他好像又见到神灵了。

神灵问他：“你要什么？”

“我只要食物和水，食物和水！”他用尽最后的力气回答，“只要能让我活着回家，我再也不想要宝藏了。”

神灵微微一笑，把他平安送回了家。

其实我们每个人都是寻宝者，每天有很多的事情想做，有很多东西想得到，有很多心愿想实现。可是，我们应该让那些欲望成为人生前进的动力，而不是成为生命的累赘。

有时候我们需要做一些减法，把期望值降低一些，放弃一些执念，一步步、一点点来，让自己尽量减轻一些负担，说不定就会“柳暗花明又一村”。在“放下”的过程中享受轻松自在，让自己轻装上阵。

智慧锦囊

在人生的大风浪中，我们常常学船长的样子，在狂风暴雨之下把笨重的货物扔掉，以减轻船的重量。

——巴尔扎克

放下怨恨，宽恕伤害过你的人

忘却，它代表一种放下，放下心中的积怨、愁苦与悔恨，则心神自然清静明了。仿佛身临陡崖，你所看到的，是广无边际的岩石，心胸似乎如山谷般空阔。

或许对受伤者来说，放下对他人的怨恨，需要做出很大的努力，但至少自己得到了解脱。托尔斯泰曾说过：一个人的内心如果是纯洁的，那么上帝就会居住在那里。试问，一个不懂得释怀，抓住他人过错不放开的人，即使他行为再清高，再规矩，又怎能算是一个心灵纯洁的人呢？不愿释怀，苦了自己，累了自己，从来不曾有过片刻的怡然，高尚的光辉自然也不会洒向他的心房。

有一位住在宜兰的游妈妈，是位癫病患者，没读过什么书，家中老伴中风卧床，全家靠游妈妈为人洗衣为生。

游妈妈有个乖巧的儿子，在他19岁那年，被一位年仅16岁喝醉的少年，莫名其妙地用破玻璃瓶给杀死了，当时的游妈妈，犹如晴天霹雳般痛不欲生。

此时痛失骨肉的游妈妈陷入痛苦的深渊，无法自拔，她恨不能把杀害她儿子的凶手千刀剐。在16岁少年因罪羁押过程中，游妈妈选择不谈、不看、不想，她想随着时间的流逝，淡忘一切痛苦，但这太难了，她忘不了儿子的乖巧面容，她无法原谅16岁少年的罪恶。

时间飞逝，三年过去了，突然有一天，游妈妈在河边洗衣服，她一边洗一边想，“仇人”今年也已经19岁了，跟自己的宝贝儿子离去的年龄是一样的，如果儿子还在的话，应该是有着美好的前程与希望在等着他，而“仇人”呢？19岁还在少年看护所，未来到了社会后，他还能有什么发展吗？将心比心，“仇人”的妈妈心里一定也不好受吧。

刹那间，游妈妈有了个想法，她想去看看这位“仇人”，当然这个想法被所有身边的家人和朋友极力阻止。可是游妈妈认为，该走一趟去看看这个孩子，在教会朋友的安排下，她在看护所看到了那位“仇人”。

当整个房间里只有游妈妈和那位“仇人”的时候，那个“仇人”紧紧地抱住游妈妈痛哭起来，嘴里还直说：“对不起，对不起……”

游妈妈在这个年轻人的身上闻到了宝贝儿子的味道……

其实“仇人”就是个孩子，抱着他就像抱着自己的孩子一样，当下游妈妈的“仇恨”放下了，那位“仇人”情绪平稳后，很认真地告诉游妈妈，希望自己出狱后，能有机会把游妈妈当成自己的母亲来照顾。游妈妈听了很欣慰，并且对青年说，希望他用这份心认真地去照顾自己的家人，如果可以的话，去帮助更多需要帮助的人，经营好自己的余生，好好做事，重新做人。有空的时候，到宜兰看看游妈妈就可以了。

平凡朴实的游妈妈，竟然有着如此宽广的胸怀，她不但放下了仇恨，还拯救了一个罪恶的灵魂，并且也让自己痛苦的灵魂得到了解脱。

在生命的旅途中，在有意无意之间，我们都曾受到别人的伤害，其或轻微或沉重，或短暂或长久。很多人对别人的伤害久久不能释怀，甚至伴随一生，其实不能宽恕别人就是跟自己过不去，怨恨其实是一种负能量，只有放下怨恨，宽恕伤害你的人，你的人生才会快乐，你的事业才会取得成功。

汤姆斯因为小时候在一场大火中受伤，医生不得不截断他的双腿以保存生命。于是，在刚刚懂事的时候，汤姆斯便拄着拐杖行动。尽管他身体有残疾，但是爸爸妈妈对他像其他的兄弟姐妹一样疼爱。他是家里的长子，弟弟、妹妹也没有因为哥哥的残障而欺负他。

然而事情到了汤姆斯上学的时候发生了转变。他从小没有体会过被人歧视和欺负的滋味，在上学的那天却体会到了。同学们都用诧异的眼光看着他，有些调皮的男生还大声喊着“瘸子，瘸子”，让汤姆斯很难堪。上学的过程非常艰苦，在路上同学故意学他走路的样子，有时还故意将他撞倒。面对同学们的欺负和嘲笑，汤姆斯几次想不去上学了，但是妈妈总是鼓舞他，说：“别人怎么看你不重要，重要的是你怎样看自己。你虽然失去了双腿，但是别人能做的事你也一定能够做到。”

靠着这种信念的支撑，汤姆斯完成了所有的学业，最后成功地从一所重点大学毕业，成为一位企业高管。虽然他没有双腿，但是他做得比其他人更优秀。

面对一切成就，汤姆斯觉得并不开心，他依然对自己的过去耿耿于怀，他觉得自己不应该受到别人那样的对待。这时妈妈的话再一次开导了他：“做人一定要懂得宽恕别人，如果你把对人的怨恨积存在心里，你就要背着这个重担前行，生活也会变得艰难。如果你宽恕了别人，卸掉对他人的愤恨，你的生活就会轻松得多。”

于是，汤姆斯不再对原先欺负他的人抱有怨恨，而是和这些人做起朋友。从此，他的生活彻底得到了解脱，他变得更愉快、更有亲和力，身边的朋友也越来越多。

宽恕那些伤害你的人，就是宽恕自己。伤害我们的人，早晚他的内心会内疚、悔恨。佛家有云：冤冤相报，永无了时。怨恨只会加深伤痕的痛苦，远不如以宽容的心肠赦免别人。

有人说，爱从饶恕开始。宽恕别人，就是宽恕自己。假使我们自己对人犯了过错，我们自然希望对方原谅我们。每一个走在人生道路上的人，都知道宽恕别人的重要。

历史上有很多伟大的人物都是胸怀广大、懂得宽恕的人，韩信就是其中的一位。

西汉淮阴侯韩信年轻时家里很穷，由于没有正当职业，他便到处游荡。由于手头拮据，为了充饥他只得沿街讨饭。

有一次，饥饿难忍的韩信来到县城的护城河边钓鱼。旁边有几个洗衣服的老年妇女。有一个老妇见韩信几天没有吃饭，高大的身材都快支撑不住了。她很可怜韩信，就给韩信带来饭食。韩信感谢老妇，说：“我以后一定要报答你。”老妇人生气地说：“我可怜你几天没吃到一顿饭，哪里指望你的报答？但愿你成为一个有用的男子汉吧！”韩信听了老妇人的话心里很不是滋味。他闷闷不乐的向城里的街上走去，忽然有人高声喊道：“韩信，站住，不许过去！”

韩信一看，前面有一群人在街上谈天，其中有一个神态骄横的少年伸着胳膊，挡住韩信的去路。韩信不想理他，那少年更加狂妄，指着韩信背上挎的那把宝剑说：“别看你身躯高大，带着宝剑，其实是个胆小鬼，没有什么出息！”

这时，好多人已经围上来看热闹，只听那少年说：“韩信，你要有胆量就用剑刺死我，如果不敢刺我就从我两腿之间钻过去！”说完，少年把腿叉开，摆出架势。众人出于好奇盯着韩信。韩信呆呆地站了好久，缓缓地俯下身子，小心地从那少年胯下钻了过去。他那狼狈不堪的样子顿时引起了众人的讥笑。

十年过去了，韩信参加了推翻秦朝的农民起义，先在项羽手下，后在刘邦部下任将军。他被刘邦重用之后，统兵百万，战无不胜。刘邦平定天下之后论定韩信军功最大封为楚王，楚王韩信又到了当年的故乡打探当年那位老妇人和侮辱他的那个少年的下落。当地百姓听说后纷纷议论道：那位老妇人该富贵了，那位少年的末日到来了。

韩信终于找到了那位老妇人和那个少年，还召来了附近的乡亲，他给了老妇人千两黄金，让她安享晚年。轮到那个曾经侮辱韩信的人了，那人已经长成一个身强力壮的成年人，胆怯地跪在韩信的面前。

韩信指着那个男子对左右说：“这是一个壮士。当年我当然能够杀死他。但杀死一个无知的少年又有什么用呢？因此我一直忍了下来。今天，我任命他为中时，掌管偷盗的事情。”

这个出人意料的决定，使那个男子不敢相信自己的耳朵，也引起了百姓的惊奇和赞叹。韩信的部下也更加效忠他了。

那个少年曾经极大地伤害了韩信，按一般人的做法肯定是把那个人杀了，可是韩信不计前嫌，宽容了伤害过他的人，表现出大将应有的气度和胸怀。

不懂得宽恕，怨恨就会占据我们的心，但是，无论我们怎么记恨，都难以改变以前发生的事情。即使想报复，也不会挽回任何局面。留着的这些恨，除了伤害了自己外，毫无用处。所以，学会宽恕，放下怨恨，就能轻松愉快地活在自己想要的世界里。

智慧锦囊

仇恨，始终类似于某些中药的东西，性寒、微苦，沉淀在人体中，散发着植物的清香。可是天长日久，却总能催生一场又一场的爆炸，核武器、手榴弹、炸药包，当然还有被用作武器的暖水瓶都是由仇恨赠送的礼品盒。打开它们，轰隆一声，火花四溅，浓烟滚滚，生命以一种迅捷的方式分崩离析。

——笛安

第五章
知足者常乐，别陷入欲望的深渊不能自拔

取舍有道

从前城里有个叫杨元的人，年轻时家境贫苦，父母早逝，后来娶了仇氏女子为妻，开了一家银铜兑换店。从远方来城里经商的人，身边大多携带银子，进城后为了方便，须将银子换成铜钱，而离开时又为了携带方便又将铜钱兑换成银子，杨元就从中赚钱。

几年后，杨元的生意越做越大，家境也有所好转，手头也有一些资金，跟邻城的一些大钱庄也有往来。有一年，他

载着十箱银子去邻城的钱庄兑换一百箱铜钱。因那家钱庄经手伙计方坤酒后一时失误，错把其中的十箱银子当成铜钱兑换给他。

杨元到家打开箱子一看，一下呆住了，顿时喜上眉梢连叫：“天赐啊！”急忙叫来妻子仇氏，一起动手将银子取了出来，把铜钱装了进去，再把箱子原封不动地钉上封钉，不留一点蛛丝马迹。话说晚上方坤酒醒后查库，发觉错发了银子十箱给杨元。

几天后，方坤来到杨元家里，说明来意。杨元一听佯装大惊失色，随机又露出诚恳的笑容说：“请方先生放心，幸好钱箱都未开启，你我一起去查看一番。如果真如你所说那样，理当原数奉还，再补发十箱铜钱便是。”方坤感激地说道：“感谢杨掌柜，日后定当报答。”杨元落落大方地说：“要什么报答，理当如此！理当如此！”

于是杨元命人把那运回的所有钱箱都一一打开，结果直到最后一箱，也没见到银子。方坤随即明白这银子定被杨元调包了，当场腿软摔倒在地，过了一会儿哀求道：“杨老板，事已如此，望你搭救一把，否则我只有死路一条了。”

杨元用怜悯的语气问道：“需要我怎么办呢？这事恐怕我也无能为力了啊！”方坤低头一揖：“请你认一半，其余一半我后半辈子偿还。”杨元听了大怒：“岂有此理，明明你私吞十箱银子，竟来我处诈骗。”方坤跪地道：“如我私吞，天地不容！”杨元不耐烦地叫道：“走走走，我跟你去县衙说理去。”

方坤见杨元毫无恻隐之心，也无凭无据，去了县衙亦无用，不断连连叹息。他在坐船回城途中，心想：这般空手而回，也无法向钱庄老板交代，若要赔钱，一生也无法还清！想着想着就投江自尽了。

杨元因得意外之财，一边继续开兑换店，一边又放高利贷，数年间就成了城里有名的富豪。正当他事事如意、得意忘形时，他的独子突然暴病而亡，当日儿媳幸好生了一子，杨家也没断后，稍有宽慰。杨元十分宠溺自己的孙子，专门叫了个保姆抚养，取名为杨钱。

不知不觉过去十六年了，杨钱长得聪明伶俐，仪表堂堂，杨元更加疼爱，娇生惯养，事事都顺着他，导致杨钱空长一副好皮囊，不肯学东西，就喜欢去赌场、妓院鬼混。不管给他多少银子，不到一天就花得精光。

一天，杨钱又跑去妓院玩耍，刚进门就看见一女子，婀娜多姿、美貌非凡，便忍不住上前调戏。鸨母刚想上前劝阻，杨钱一脚将其踢倒，要去追那女子，没想到被妓院伙计围住。这时大家看那鸨母倒在地上，口鼻出血，已无气息，杨钱心惧。众伙计一看出了人命，就把杨钱押去县衙。

杨元得知此事，也是急得叫苦连天，想不出一个主意。只好先派几人，带些银子去县衙上下打点。这些奴仆平日就对杨元恨之入骨，而今遇到这事反而高兴得很，并趁机编造谎言，多要点银两以弥补平日里对他们的无故克扣。

仅过数月，县衙打点的费用已花去十万两，杨元虽觉心疼，但救孙心切也只好隐忍，最后又花了五万两银子，县令才答应从轻发落，以“鸨母自倒而毙”轻判五年。而这五年时间，杨元为了能让孙子活着出来又花了家里剩下的两万两银子去打点狱卒。

出狱这天，杨元派了一顶轿子在县衙门口等候，杨钱在狱中虽得狱卒照顾，但五年的监禁也并不轻松，早已瘦柴如骨，行动不便，只好由仆人扶上轿子。抬到家门口，杨元疾步上前迎来，叫嚷了半天都没见杨钱下轿，仆人掀开轿帘，惊叫一声，原来杨钱因途中颠簸，早已气绝。

杨元回想这些年的劳碌奔波，也想起自家十几万的家财已花得精光，到如今一贫如洗，杨家唯一子嗣却也没保住，忽然就倒地没了气息。

故事中的杨元，贪取不义之财，结果落得个家破人亡。

孔子说：“富与贵是人之所欲也，不以其道得之，不处也。贫与贱是人之所恶也，不以其道得之，不去也。”这句话的意思是说：富和贵是人们想要的，但是不用正当的途径得到它，君子是不会要的。贫和贱是人们所厌恶的，如果不用正确的方法摆脱它，君子是不会逃避的。

从圣人的话中，我们不难看出做人要取舍有道。穷人虽然生活贫困，但是在精神上绝对不可以也贫困，想要摆脱贫穷的生活，就必须靠自己的努力通过正确的途径获得。

有一对靠卖豆腐为生的夫妻，每天起早贪黑地忙碌，但生活过得很清贫。

有一天，来了一个妇女想买块豆腐，买完后，还想占点便宜，让卖豆腐的男子再给她添一点，男子不愿意，妇女就偷偷地抓走了一把黄豆，没想到不经意间把银子掉在了豆子堆里。卖豆腐的男子看见后很高兴，马上将银子收了起来，收摊回家后对妻子说："我们可以不用辛苦做豆腐了，今天捡了块银子，可以花一阵子了。"妻子却看也不看男子手中的银子，一边磨豆子一边对男子说："你捡了银子是高兴了，但是丢银子的人该多着急啊。我们日子虽然过得穷了点，但是也要有骨气，怎么可以随便贪图别人的钱财呢？你赶紧还回去吧！"

男子听了妻子的话后觉得很有道理，于是就连夜将银子送还给了那个妇女。妇女收到失而复得的银子后，很是感激卖豆腐的男子，不仅做好了酒饭招待他，还取出了一两银子酬谢他。

在获取财富的道路上，人们会遇到很多难以抉择的诱惑，比如面临鱼和熊掌的选择，二者都是自己想要的，但是却不可以同时得到，必须舍弃一个。如果你太贪心，什么都想要，又因条件限制，让你无所适从，身心疲惫，最终什么也得不到，因为“欲多则心散，心散则志衰，志衰则思不达也”。所以，君子爱财，取之有道。我们在奋斗的过程中，一定要学会取舍之道。

1929年美国爆发经济危机时，约翰·梅瑞特还是一个穷人，为了维持生计与妻子一同去了旧金山，在他看来那里是个遍地黄金的地方。约翰经过多次考察之后，开了一家冷饮店，但是因为资金不足，只能贩卖廉价的汽水，没过多久他们的小店就因为缺少顾客而关门了。

走投无路的约翰只好和妻子搬到了另一个地方，然后重新开了家冷饮店，但是没过多久，冷饮店再次被迫关门。这次妻子忍不住怀疑约翰选错了店址，但是约翰却坚持认为这个位置会成为繁华的地带。于是，原本就生活贫困的夫妻二人，不得不挤出一部分钱坚持付房租，以维持着店面。

不久后，约翰发现隔壁的面包店生意变好了，于是就和妻子商量着开了一家快餐店，借钱推出了一系列食品，这些食品正好能满足当时人们的需求，所以约输的坚持获得了成果，他们的生意越来越好，最后他拥有了近千家的快餐店。

约翰去旧金山而舍弃家乡，取新店址而舍弃旧店址，取快餐店而舍弃冷饮店，在这一次次的取舍之中，最难的是冷饮店第二次关门后，约翰仍然坚持租用店面而没有计较花费多余的租金。对于一个普通人来说，放弃手中的东西不容易，但要做大事就得学会取舍。

智慧锦囊

有取有舍的人多么幸福，寡情的守财奴才是不幸。

——鲁达基

莫让金钱遮住眼，走出钱眼天地宽

在一间很破的屋子里住着一个穷人，他穷得连床也没有，只好躺在凳子上，穷人自言自语地说："我真想发财呀，如果我发财了，决不做吝啬鬼。"

这时候，穷人身边出现了一个魔鬼。魔鬼说道："好吧，我就让你发财吧，我会给你一个有魔力的钱袋。"魔鬼又说："这钱袋里永远有一枚金币，是拿不完的。但是你要注意，在你觉得够了时，就要把钱袋扔掉，才能开始花钱。"说完，魔鬼就不见了，在穷人的身边，真的有一个钱袋，里面装着一枚金币。穷人把那枚金币拿出来，里面又有了一枚。于是，穷人不断地往外拿金币。穷人拿了整整一个晚上，金币已有一大堆了。他想：这些钱已经够我用一辈子了。

到了第二天，他很饿，很想去买面包吃。但是在他花钱以前，必须扔掉那个钱袋，于是便拎起钱袋向河边走去，可是他舍不得扔，又回来了。

他又开始从钱袋里往外拿钱。每次当他想把钱袋扔掉之前，总觉得钱还不够多。日子一天天过去了，他完全可以去买吃的、买房子、买最豪华的车子。可是，他对自己说："还是等钱再多一些吧。"

他不吃不喝地拿，金币已经快堆满一屋子了。同时，他也变得又瘦又黄，他虚弱地说："我不能把钱袋扔掉，金币还在源源不断地出来啊！"他成了一个看起来很老的人，但他还是抖着手往外掏金币。最后，终于死在了他的长凳上。

一个人在没有的时候希望拥有，但在拥有时，他就会害怕失去。于是整天都在为自己现在的财富而感到担心，所以他们一直生活在恐惧当中，金钱不但没有给其带来快乐，反而成了害他性命的东西。

从前，有一只贪财的猴子，一天到晚眼里只有一个字"钱"，为了钱，它什么事都做得出来。

这天，小兔子等在猴子的必经之路上，神秘兮兮地对猴子说："猴子，你过来，我告诉你一个秘密。"

"什么秘密，这么神神秘秘的？"猴子不耐烦地说。

"告诉你，这可是有关钱的秘密，"兔子说。

"兔子老兄，我俩都是几十年的哥们了，有什么你就说吧！"

兔子假装为难地说："这个，好吧！看在我们的交情上，我就告诉你。听说月球上有一笔财宝。”兔子故意压低了声音。

“谢谢，兔子，你太够哥们了，等我回来，就请你喝酒。”说完，猴子便一溜烟地跑回家了。

猴子回家拿了钱，买了一个火箭，准备飞上月球，它同时拿了很多容器，准备装财宝。

猴子坐在火箭上，系好安全带，按下启动按钮，只听“嗖”的一声，火箭往天空冲过去。正好，火箭带着猴子落在了月球上。猴子欣喜若狂，他果然看到了很多耀眼的财宝，于是它急忙把财宝往自己的袋子里装。可有一个问题让它寝食难安。那就是，自己到底该怎么回去。跳下去，不行；飞下去，不行，因为火箭没油了。而它带的食物只够吃一星期的了。于是它便一屁股坐在月球上，等人来救它。可等了好几天，也没有人来。

最后猴子就在月球上一命呜呼了。临死前，猴子后悔地说：“要是我不那么贪财就好了！”

金钱，对于贪婪的人来说，永远没有满足的时候。而金钱的危险就在于，它会蒙上我们的眼睛，使我们眼中没有友谊、爱情、亲情，甚至生命。如此钻入钱眼的人，就会一叶障目，不见泰山。这时，钱如枷锁，锁住自由，如坟墓，埋葬自身。人生离不开钱，但要取之有道，莫让金钱遮住眼，走出钱眼天地宽。

很久以前，有一个村庄，里面住着许多户人家，其中有一户人家住着兄弟二人。老大叫牛二，老二叫马四。牛二天生愚笨，长相也不好看；马四天生聪明，长得也俊俏，深受父亲的喜爱。父亲逝世后，把财产全部分给了马四。马四得到钱后，把牛二驱逐出了家门。牛二出门后，找人借了把刀，天天上山砍柴，然后把柴捆起来，背到县城里去卖，每天就这样生活。日复一日，年复一年，他还是有点富有了。马四在家里天天享乐，因为他的财富一辈子也花不完。

一位老和尚来到马四家，说："这位施主，我能在你家歇一晚上吗？"虽然马四有钱，但他的心眼并不坏，他让老和尚睡在招待客人的房间里，给他吃上好的斋饭。第二天，老和尚送给马四一尊佛像。还吩咐道："这可不是一般的佛像，这是一尊神佛像，你只要说一声'阿弥陀佛，快开门'里面就会出来一个小和尚，他会对你百依百顺。"说完，老和尚便走了。

马四听后，异常高兴，想："哈哈哈哈！我现在是天下最富有的人了。"说着，他便想证实一下老和尚说的话。于是，他把佛像端到跟前，念道："阿弥陀佛，快开门！"这时，里面果然跑出了一个小和尚，而且越来越大，这和尚问道："我的主人，你想让我做什么？"马四听见小和尚说话了，很是高兴，于是便说道："我家本来就有钱，不过不是特别富，我就要金子吧！”这话刚说完，一块金银立刻出现在他的眼前，马四大喜，他上去拿起金银，一咬，硬邦邦的，是真的，马四高兴得手舞足蹈，他想：“我今后便是天下间最富有的人了。”想到这儿，他感到美滋滋的。

一天晚上，马四叫家里的所有人到院子里欣赏他的表演。马四把佛像拿了出来，说道：“阿弥陀佛，快开门！”这时，里面走出来一个小和尚，和尚道：“我的主人，您想让我做什么？”

“我要金子，我要银子，我要金子，我要银子。”这话刚说完，一大堆金银从天而降。光这几块金银，马四家的所有人就看傻眼了，他们无一不羡慕马四。马四得到了这么多的金银后还不知足，依然继续要金要银。因为他要的太多了，所以，他们全家都被活活地压死了。马四被压死了是罪有应得，可是那么多的仆人和家属被活活地压死，真是可惜啊！

后来，牛二取了个漂亮的妻子，他俩靠勤劳致富，丰衣足食，过上了幸福美满的生活！

贪婪是一碗剧毒，谁喝了都会无药可救。一个贪婪的人永远不知道什么是“知足”，他们一味地追求，为的只是得到，而不是感受。由于他们忽略了享受生活，就算他们得到得再多，也不会明白快乐是什么。

智慧锦囊

贪吃蜂蜜的苍蝇准会溺死在蜜浆里。

——盖伊

学会放弃，你会看到广阔的海

有一个中年人，家庭、事业取得了双丰收，但在心里却总感到很不开心，后来这种感觉越来越严重，所以不得不去看医生。医生听完了他的陈述，说：“我开一个处方给你试试！”于是他开了四帖药放在药袋里，对中年人说：“你明天九点钟以前独自到海边去，不要带报纸、杂志，不要听广播，到了海边，分别在上午九点、中午十二点、下午三点和五点依序各服下一帖，你的病就可以治愈了。”

那位中年人半信半疑，但第二天还是依照医生的嘱咐来到海边，看到广阔的海，他的心情豁然开朗。

九点整，他打开第一帖药准备服用，里面没有药，只写了两个字“谛听”。他真的坐下来谛听风的声音，甚至听到自己心跳的节拍与大自然的节奏合在一起。他已经很多年没有如此安静地坐下来听，因此感觉到身心都得到了洗礼。

到了中午，他打开第二帖药方，上面写着“回忆”两个字。他开始从谛听外界的声音中转回来，回想起自己从童年到少年的无忧、快乐，想到青年时期创业的艰辛，想到父母的慈爱、兄弟朋友的友谊、生命的力量，热情重新在他的内心燃烧起来。

下午三点，他打开第三帖药，上面写着“检讨你的动机”。他仔细地回忆早年创业的时候，是为了使周围的人生活便利，所以他工作满腔热忱，等到事业有成了，则只顾赚钱，失去了经营事业的喜悦，为了自身利益则失去了对别人的关怀。想到这里，他已深有所悟。

到了黄昏的时候，他打开最后一帖药，上面写着“把烦恼写在沙滩上”。

于是，他走到离海最近的沙滩，写下“烦恼”两个字，一波海浪立即淹没了沙滩上的“烦恼”，也洗去了他心中的烦恼。

原来医生知道了他烦恼的原因：生活的安逸让他没了往日的激情，他感到很寂寞。所以医生开方让他走进大自然，去接触天之大、海之阔，以宽广的胸怀，丢掉世俗、不屑安逸、回归本真。至此他释然了。

有一位高僧，他酷爱陶壶，只要听说哪里有好壶，不管路途多远他一定会亲自前往鉴赏，如果中意，花再多钱他也舍得。在他所收集的茶壶中，最中意一只龙头壶。一日，一个久未见面的好友前来拜访，他拿出这只龙头壶泡茶招待他。朋友对这只茶壶赞不绝口，观赏把玩时一不小心将它掉落到地上，茶壶摔碎了。

高僧蹲下身子，默默地收拾这些碎片，然后拿出另一只茶壶继续泡茶、说笑，好像什么事也没发生过一样。

事后，有人问他：“这是你最钟爱的一只壶，被打破了，难道你不难过，不觉得惋惜吗？”

高僧说：“事实已经造成，对碎壶留恋又有何益？不如重新去寻找，也许能找到更好的呢！”

很多时候，我们对已经发生的事情耿耿于怀，其实就是抱着无益的烦恼不放。拿得起，放得下，才是让自己活得轻松的人生态度。

智慧锦囊

当你紧握双手，里面什么也没有；当你打开双手，世界就在你手中。

——《卧虎藏龙》

居安而思危

春秋时期，有一次宋、齐、晋、卫等十二国联合出兵攻打郑国。郑国国君慌了，急忙向十二国中最大的晋国求和，得到了晋国的同意，其余十一国也就停止了进攻。郑国为了表示感谢，给晋国送去了大批礼物，其中有：著名乐师三人、配齐甲兵的成套兵车共一百辆、歌女十六人，还有许多钟磬之类的乐器。

晋国的国君晋悼公见了这么多的礼物非常高兴，将八个歌女分赠给他的功臣魏绛，说：“你这几年为我出谋划策，事情办得都很顺利，我们好比奏乐一样和谐合拍，真是太好了。现在让咱俩一同来享受吧！”

可是，魏绛谢绝了晋悼公的分赠，并且劝告晋悼公说：“咱们国家的事情之所以办得顺利，首先应归功于您的才能，其次是靠同僚们齐心协力，我个人有什么贡献可言呢？但愿您在享受安乐的同时，能想到国家还有许多事情要办。《书经》上有句话说得好：‘居安思危，思则有备，有备无患。’现谨以此话规劝主公！”

魏绛这番远见卓识而又语重心长的话，使晋悼公听了很受感动，高兴地接受了魏绛的意见，从此对他更加敬重。

《孟子·告子下》中说，“生于忧患，死于安乐”，意思是艰苦的生活环境能够锻炼人们的坚强意志，激励人们不断进取；安乐的生活容易腐蚀人，使人沉湎其中，走向颓废乃至灭亡。这是古往今来从无数正反两方面经验中总结、提炼出来的警世良言，是一部人才成败史、国家兴亡史所证实的客观规律。

美国康奈尔大学的实验人员做过一次有名的实验，他们把一只青蛙丢进煮沸的油锅里，这只反应灵敏的青蛙在生死关头，用尽全力跃出了那瞬间就会使它葬身的滚滚油锅，安然逃生。

隔了半小时，他们使用一个同样大小的铁锅，这一次在锅里放满冷水，然后把那只死里逃生的青蛙放在锅里。这只青蛙在水里不时地来回游动。

接着，实验人员偷偷在锅底下用炭火慢慢加热。青蛙不知究竟，仍然在微温的水中享受“温暖”，等它开始意识到锅中的水温已经使它熬受不住，必须奋力跳出才能活命时，一切为时已晚。它无力挣脱困境，全身瘫痪，呆呆地躺在水里，终致葬身在铁锅里面。

这个实验揭示了一个十分残酷的事实，突如其来的外在刺激或强敌往往能使人奋起面对，发挥出意想不到的潜力。而慢慢地腐蚀却往往使人防不胜防，一蹶不振。面对突如其来的灾难，我们常常能够化险为夷，再现生机与活力。在安逸与享乐的环境中，我们却在不经意间遭遇危险的浸透而无所作为、一败涂地。

所以，做事应该未雨绸缪，居安思危，这样在危险突然降临时，才不至于手忙脚乱。

一只野狼卧在草上勤奋地磨牙，狐狸看到了，对它说：“天气这么好，大家在休息娱乐，你也加入我们的队伍吧！”

野狼没有说话，继续磨牙，把它的牙齿磨得又尖又利。狐狸奇怪地问道：“森林这么静，猎人和猎狗已经回家了，老虎也不在近处徘徊，又没有任何危险，你何必那么用劲磨牙呢？”

野狼停下来回答说：“我磨牙自有磨牙的道理，你想想，如果有一天我被猎人或老虎追逐，到那时，我想磨牙也来不及了。而平时我就把牙磨好，到那时就可以保护自己了。”

纵观历史，秦王嬴政叱咤风云，统一中国，自号“始皇帝”，幻想帝业永传，但不出两代，他的儿子胡亥就沉湎安乐，昏庸透顶，失信于民，使“千古一帝”留下的政权毁于一旦。而唐太宗李世民之所以能开创“贞观之治”的业绩，与他“安不忘危，治不忘乱。虽知今日无事也须思其始终”的忧患意识不无关系。他常常提醒自己：“不敢恃天下之安，每思危亡以自戒惧。”

当代许多高官就是这样慢慢走向自我毁灭的。如陈希同、成克杰等，他们开始并非坏蛋一个，就是因为一味追求安乐，过不去权力关、金钱关、美色关……从量变到质变，最后，由高级干部变成“阶下囚”。

人生没有人为你等待，没有机会为你停留，让自己无论在什么时候都居安思危，防患于未然，不断丰富、充实自己，让自己在未来事物的变化中有备无患，稳操胜券。

智慧锦囊

思危所以求安，虑退所以能进。

——房玄龄

第六章

学会独处，学会享受孤独

感受孤独的美好

庄子说："独往独来，是谓独有。独有之人，是谓至贵。"是孤独让一个人变得出众，而不是不合群。和别人在一起，我们总处于社会状态；只有在孤独中，我们才接近自然状态。孤独是自己走向自己。当我们不用被迫与他人对话，才有时间与自己对话。社交可以体现一个人的外在价值，但孤独却能塑造一个人的内在价值。

从1945年7月到1947年9月，梭罗独自一人在瓦尔登湖居住了两年又两个月，他在湖边的树林中搭了一个简陋的小木屋，屋内布设一张床、一张桌、两把椅子、一个壁炉，没有一点装饰，也没有一件多余的东西。梭罗将它称为一个实验——过一种简单的生活，为此，他主动远离人群，在湖边过着独居的生活，梭罗自己砍树建造木屋，自己捕鱼，还猎了土拨鼠、兔子和鹧鸪，自己种粮食，在劳作之余，还时常到山林中认识各样的树，在湖边观察各类鸟、鱼和虫，他在四季的交替中接受上帝带来的种种惊喜。当夜晚降临的时候，梭罗便独自待在自己的小木屋里，坐在壁炉边静静地阅读、思考或者写作。

梭罗从未觉得这种无人相伴的生活有多么寂寞，相反，他十分享受这段隐居生活，听听他是怎么说的："我喜欢独处，我从未遇到比孤独更好的伴侣。"

你难道能说他这不是在享受孤独吗？他选择在孤独中放飞灵魂，让它在大自然中静静地呼吸，自由地在天地间畅游，就这样一个人简单、诗意地生活着，而他给世人留下的则是关于瓦尔登湖无尽的想象和向往！

独处有助于减轻快节奏生活造成的压力，带给你安详、平和的心境，如果你发现自己总是被家人、朋友围绕着，耳边充斥着噪声，忍受着繁忙的工作、家庭琐事的无穷折磨，每天的神经都绷得紧紧的，得不到一丝喘息的机会，那你就该好好计划一下，找一天让自己独自静静，让那段时间完全属于自己。

不妨把平常牵肠挂肚的工作抛得远远的，一个人去海滨游泳、散步，在公园的草坪上晒晒太阳，闻着花香，好好睡上一觉，彻底放松一下。任何人都处于繁杂的世界中，在喧闹的人群里你听不见自己的脚步声。远离生活，能让我们重新认识到自我的存在，回归原点。

当然，对于有工作又有家庭的人来说，寻找独处的机会很不容易。

没关系，可以和家人、朋友进行交流。那些关心爱护你的人，一定会给予你谅解和支持。当你从沉重的生活压力中解脱出来，你就能心境平和地处理工作，对待家人和朋友。

生活轻松的朋友说："几年前，我还没有开始简化生活，那时我每天都忙个不停，不是工作就是被人约出去，参加一些莫名其妙的活动，每天的日程都排得满满的。就算能稍微空闲一点儿，放松一下，我的脑子里还是充满了各种各样的念头，下一个预约的时间将要涉及的内容，生活一片混乱。"

放下也是一种快乐，你的生活也将得到很大改善，把你从杂乱无章的感觉中解救出来，让头脑彻底净化。

要想学会独处，你可以每天抽出一小时时间，一个人静静地待着，什么也不做。当然前提是，你要找一个清静的地方。也许刚开始的时候，你会觉得心慌意乱，因为还有那么多事情等着你去做，你会想如果工作的话，早就把明天的计划拟好了，这样干坐着，分明就是在浪费时间。可是，如果你把这些念头从大脑中赶走，坚持下去，渐渐地你就会发现整个人都轻松多了，这一个小时的清闲让你感觉很舒服，干起活来也不再像以前那样手忙脚乱，你可以很从容地去处理各种事务，不再有逼迫感。你可以逐渐延长空闲的时间，四小时、半天，甚至一天。

从前有一位皇后，长得非常漂亮。她性格温和善良，深得皇上的宠爱。皇上对她是有求必应，如果她想要什么名贵的珍珠或是漂亮的衣裳，皇上肯定会毫不犹豫地满足她。可是她并没有要求这些，而是要皇上在皇宫的花园中为她搭建一个小屋，这个小屋由她自己来精心布置。奇怪的是，她并没有把这个屋子布置得富丽堂皇，而是完全按自己入宫前的房间里的陈设来布置，看上去非常素雅。每天，皇后都会自己来到这个小屋里，她脱去凤冠霞帔，穿上以前的衣服，静静地想着自己的事，在孤独中找回原来的自己。

学者于丹说过，她非常羡慕皇后的这个小屋，事实上，每个人都应该有一个这样的小屋，让自己独处一下，找回原来的自己，面对自己的真实面貌，这是一段美好的时光。

有人问古希腊大学问家安提司泰尼：“你从哲学中获得了什么呢？”他回答说：同自己谈话的能力。同自己谈话，就是发现自己，发现另一个更加真实的自己。

关于孤独，艺人王菲这样说过：“每个人在精神和灵魂上都是孤独的，所以说，人在本质上是孤独的。如果把本质的含义具体到内心，也可以说人的内心是孤独的。人即使能够做到表面上的基本沟通，也无法做到内心的完全沟通。孤独并不是随时随地都能感受得到的。而你也只有在感受到孤独的时候，才是最清醒的。孤独不代表凄凉，享受孤独其实是一件挺美好的事。”

我们每个人都是独立的个体，这也意味着孤独对我们来说是必要的存在，因为我们需要空间去经营只属于自己的世界，而正是这个特殊的世界将我们与其他人区别开来。可人们总是很容易把孤独和寂寞等同起来，而事实上它们之间并不是一一对应的关系，孤独只是独自一人时的客观状态，而寂寞则是指内心的无聊和空虚。一个人是否寂寞的决定性因数并不是孤独，而是他内心的丰富程度，只有内心世界贫瘠的人才会在孤独时陷入寂寞的泥沼无法自拔，一心等待着别人的营救，此类人必定万般痛恨孤独。与之相比，那些内心世界无比丰富的人却在尽情地享受着孤独。

古今中外，尽情享受孤独的名人数不胜数。在遥远的古代，隐士文化早已成为中国传统文化中光芒四射的耀眼明珠，在历史的长河中幽幽散发着迷人的魅力，而创造了这一文化的隐士们更成为人们关注和倾心不已的对象。他们是清高、淡泊、飘逸、尚道的代名词，他们超然于世外，远离世俗的喧嚣，他们与孤独相伴，却不与寂寞为伍，他们在自己构造的世界里尽情地享受着孤独。说起这些隐士，陶渊明当排第一，正如元曲里所说："……尽道便休官，林下何曾见？至今寂寞彭泽县。"就连一向看不起隐士的鲁迅先生也说过："陶渊明先生是我们中国赫赫有名的大隐。"

因为不想在官场中同流合污、趋炎附势，他选择辞官归乡，过着"晨兴理荒秽，戴月荷锄归"的田园生活，从此"结庐在人境，而无车马喧"。尽管生活冷清、贫寒，他却不以为意，仍然"采菊东篱下，悠然见南山"就算少有人问津，他也从不觉得寂寞，每天都过得充实并充满闲趣，正如他所吟唱的那样："既耕亦已种，时还读我书。""凡览周王传，流观山海图。仰观终宇宙，不乐复何如？"正是因为这种在孤独中怡然自得地享受生活的态度，陶渊明征服和感动了我们所有人。

每个人的心灵都需要一块憩息的场所，让心灵独处是好的事情，我们应该试着去体会其中的美好。

智慧锦囊

日出而作，日入而息，逍遥于天地之间，而心意自得。

——庄子

耐得住寂寞，方能毫无所惧

大凡成功者都是孤独而执着的。人生要耐得住寂寞，耐得住寂寞是一个人思想灵魂修养的体现，是难能可贵的一种风范。

王国维说："古今之成大事业者、大学问者，无不经过三种之境界：昨夜西风凋碧树，独上高楼，望尽天涯路。此第一境界也，这是人生寂寞，寻找目标的阶段。衣带渐宽终不悔，为伊消得人憔悴。此第二境界也，这是人生的孤独追求阶段。"

当然还有另一种境界，那就是"众里寻他千百度，蓦然回首，那人却在灯火阑珊处。”只是前两种境界和我们所说寂寞有关。

日本近代有两位一流的剑客，一位是宫本武藏，另一位是柳生又寿郎，宫本是柳生的师傅。当年柳生拜宫本学艺时，就如何成为一流剑客，师徒间有这样的一段对话。

“师傅，我努力学习的话，需要多少年才能成为一名剑师？”又寿郎问道。

“你的一生。”武藏答道。

“我不能等那么久。”又寿郎解释说，“只要你肯教我，我愿意下任何苦功去达到目的。如果我当你的忠诚仆人，需要多久？”

“哦，那样也许要十年。”武藏缓和地答道。

“家父年事渐高，我不久就得服侍他了。”又寿郎不甘心地继续说道，“如果我更加刻苦地学习，需要多久？”

“嗯，也许三十年。”武藏答道。

“怎么会这样呢？”又寿郎问道，“你先说十年，而现在又说三十年。那我决心不惜任何苦功，要在最短的时间内精通此艺！”

“嗯，”武藏说道，“那样的话，你得跟我学七十年才行，像你这样急功近利的人多半是欲速不达。”

“好吧，”又寿郎这才明白自己太过心急，“我同意好啦。”

开始训练后，武藏给又寿郎的要求是：不但不许谈论剑术，连剑术也不准他碰一下，只要他做饭、洗碗、铺床、打扫庭院和照顾花园，对于剑术只字不提。

三年的时光就这样过去了，又寿郎仍是做着这些苦役，每当他想起自己的前途，内心不免有些凄惶、茫然。

有一天，武藏悄悄从他背后溜过去，以木剑给了他重重的一击。第二天，正当又寿郎忙着煮饭的当儿，武藏再度出其不意地对他袭击。自此以后，无论日夜，又寿郎都得随时随地预防突如其来的袭击，后来经过艰苦的练习之后，又寿郎终于成了全日本剑术最精湛的剑手。

可见，要想成就一番事业，欲速则不达，只有耐得住寂寞，潜心苦练，才能达到你的目标。有句名言说得好：“如果你想出人头地，你要耐得住寂寞，因为成功的辉煌就隐藏在寂寞的背后。”

一夜之间就大获成功的故事，即使有，也很少见。让他人艳羡不已的成功、一切光彩照人的成功背后都隐藏着无尽的寂寞。就如划破夜空的烟花张扬地绽放，如此明艳动人，但昙花一现之后，留下的却是无尽的黑夜。其实，生命中所有的灿烂终究是要用寂寞去偿还的。这一切，需要非凡的执着和定力。

人生总会遇到挫折，总会有低潮，总会有不被人理解的时候，总会有要低声下气的时候，这既是人深感寂寞的时候，也恰恰是人生最关键的时候。因为大家都会碰到挫折，只要你能耐得住寂寞，那么你就成功了。在这样的时刻，我们需要耐心并满怀信心地去等待，相信生活不会放弃你，机会总会来的。

许多人喜欢忙碌，有些人是由于害怕寂寞而使自己故意处在忙碌之中。其实，太过忙碌亦是人生的忌讳。在忙忙碌碌中，人们最容易忘却自我，失去了生活的本来面目，最终丢失了自我。人生需要寂寞。独守一份清静，甘受一份落寞，其实是一种人生境界。

成功要耐得住寂寞，“古来圣贤皆寂寞”。要想学有所成，必须耐得住寂寞。著名作家贾平凹在谈怎样学习成才时说过这样一句话：“大言者不语。”孤独是文学的价值，寂寞是作文的一条途径，许多人一心想干大事，却不愿经过这条路，那有什么办法呢？

作家姚雪垠也把“耐得寂寞，勤学苦练”作为座右铭，时时鞭策自己。文学巨匠列夫托尔斯泰在写巨著《复活》前，就吩咐仆人对外宣布他已死亡，好让自己能静心写作，当《复活》问世时，他也“复活”了。

耐得住寂寞的人，能够坚守忠诚，不会被外界所迷惑。只有耐得住寂寞，抗得了诱惑，坚持心中的信念，才能活出你自己的精彩人生。没有寂寞的人生，只能是肤浅的人生，平庸的人生。

有一句名言说得好：许多无名者往往羡慕成功者，却不知成功者的生活往往不属于自己。这恰恰是无名者难以承受的，成功者的生活便是寂寞，甘于平淡，不为名利物欲所困。耐得寂寞终能成功。

智慧锦囊

孤独与高贵的思想为伍的人，是决不会孤独的。

——菲力普·西登尼

即使一个人，也尽最大努力地活

即使未来的路只能一个人走，也要坚强地不回头，也要坚强地独自一人走！

黄昏时分，当夕阳的第一缕光线由西窗射入，落在桌面上的时候，冉伯仿佛又苍老了许多。冉伯颤巍巍地站了起来，立即有许多阳光照到他的脸上，把他的脸染成一种奇怪的古铜色。屋子里静得出奇，冉伯空洞的双眼在空中凝望了好一会儿，才又颤巍巍地拄着拐杖跨出门槛。

路两旁是一望无垠的原野，天际的云霞绚丽如水，有一群群的黑乌鸦低低掠过。冉伯的拐杖以一种缓慢的节奏点击着地面，发出“笃—笃—笃”的声响。

冉伯的脑海中浮现出一张面孔来。那是一张少女的脸，清秀白皙，温和中透出妩媚，五官十分端庄，嘴角还挂着浅浅的笑窝，只是，眼睛中少了点光彩。

那少女叫菲琳，是个盲女。

菲琳和冉伯相处的时间并不长，却成了他永远的菲琳。

大约一个世纪以前。冉伯是国内著名的某大学学生，因为天资聪颖、相貌出众，所以成了校内最受人瞩目的人物。也就是在那时候，他认识了菲琳。

但是，菲琳是他生活中的一颗流星，一掠而过，把他孤零零地抛在尘世上，度过了生无可恋的一百二十多年。

生无可恋？对的，冉伯生无可恋地活了一百二十四年。他的菲琳早早地走了，难道这世界上还有他值得留恋的吗？

一天深夜，冉伯参加朋友的生日宴会归来，略带些醉意，迈着摇摇晃晃的步子走着。朋友是有车接送的，可他性喜清净，宁愿一个人散步和欣赏城市的夜景。

这是个美丽的城市。时值仲夏，凉风拂面，穿越市中心的小河里翻动着滚滚清波。

忽然，冉伯发现河边的垂柳下有一个苗条的身影。那身影像一株秀硕的白杨，在这种环境下，勾起他许多遐思。可是，冉伯眨了下眼睛后，那身影就不见了。

冉伯怀疑自己看花了眼。他跑到垂柳树下面，只见水面上漂着条红纱巾。冉伯扑入水中，从水中捞出一个人，看到她的时候，只觉得她的美丽如强烈的阳光一样耀眼。

这个人就是菲琳。

菲琳是个被父母遗弃的盲童，七岁以前在孤儿院长大，后被一独身老妇人收养。老妇人心地善良，令菲琳体验到人间温情，两人相依为命，生活了十四年。可是，前不久老妇人去世了，孤独寂寞的菲琳也想随她而去。

冉伯被菲琳的身世深深震撼了。

冉伯成了菲琳的朋友。冉伯发现菲琳的眼睛虽然盲了，可她的心灵并不盲，她的心灵和她的相貌一样美丽。

几个月过后，他们成了一对恋人，真正的恋人。

真正的恋人之间有许多可敬可慕的东西，他们爱之深，情之切，假如一个人离开另一个人，对方绝对无法活下去。冉伯和菲琳的故事也和其他恋人的故事一样，正当他们忘我地享受爱情甜美的时候，魔爪悄无声息地伸了过来。

车祸发生在菲琳穿过马路的时候，冉伯目睹着载重卡车把菲琳碾压在巨轮下，冉伯凄厉地尖叫一声，冲了过去。冉伯紧紧抱起菲琳，菲琳的鲜血浸透了他大半个衣襟。

冉伯狂奔着，世界在他的眼中模糊了，可他能清晰地听到怀抱中菲琳微弱的声音：阿冉，答应我，你以后一定要坚强地活下去，不能为你自己活，而是替我活。阿冉，努力替我多活一天。

菲琳知道自己和冉伯的感情，她要在生命结束前把生的力量注入爱人的心中。原野间的小路已经到了尽头，不远处出现了一片密密麻麻的荒坟。这里就是冉伯的目的地。

菲琳死后，他的确痛不欲生，多次想一死了之，但是，他答应菲琳，要努力替她多活一天。他从未对菲琳食言过，这次也不应该例外。

我不是为自己而活，我是在替菲琳活着。我活一天，就是菲琳活一天，我要努力，让菲琳再多活一天。

让菲琳多活一天，就是这样一个信念，竟支持着他活了一百二十四年，直到今天，冉伯知道自己一定见不到明天的日出了，才来到他爱人的坟前。

尽最大的努力活过了，他可以问心无愧地来见她了。

冉伯在一座无字墓碑前伫立了，犹如一尊大理石的肖像。他的耳畔荡着菲琳的话：“阿冉，答应我，你以后一定要坚强地活下去，不是为你自己活，而是替我活。阿冉，努力替我多活一天。”

太阳已经落下去了，天际浮着阵阵鸦影。

愿我们要勇敢要坚强，一个人的时候也不要用你的泪水去博取别人的同情，真正有意义的事情是你要学会坚强，用自己的力量使一切变得更好，没有你不能坚强，只有你不愿意坚强。

智慧锦囊

不害怕痛苦的人是坚强的，不害怕死亡的人更坚强。

——迪亚娜夫人

世态炎凉，我心不凉

俗话说：“繁花过后，落陌成溪。”我们每一个人都有失败和寂寞的时候，每次当我们感到满腹辛酸，想要找个人倾诉的时候，却总是觉得亲朋好友当中，竟然没有一个人愿意真心地让你一吐积郁。其实，我们应该早就知道，大多数人都喜欢看你春风得意时的笑脸，而不愿听你满腹的牢骚。当你以为终于找到了一个可以将一腔心事来倾诉的时候，却看见你用真心对待的平生好友竟然婉谢约谈、离席而去，这个时候你是什么感觉？这社会上的世俗情态竟然逃脱不了人情冷暖、趋炎附势。你冷笑一声，连自己的亲戚、朋友都是这样对待你，那陌路又将如何？用一个成语来说，这就叫“世态炎凉”。

有一句非常讽刺人的话：“贫居闹市无人问，富在深山有远亲。”当然，这的确是生活的真实写照，有钱有势的人就算住在深山之中，总有人找得到要去巴结逢迎；一旦你无钱无势，不管曾经多么门庭若市，现在肯定会冷淡躲避。每当我们碰到这样事情的时候，也许会感叹一声“世态炎凉”。

是的，世态炎凉，无论是古代，还是在现代，从没有改变过。

苏秦拜鬼谷子先生为师，学成之后到秦国，游说秦惠王兼并诸侯，一统天下。因为意见没有被采纳，他只好垂头丧气地回到老家。他回家时，穿着草鞋，裹着绑腿布，肩上挑着行李，黝黑憔悴。家里的人都瞧不起他，妻子坐在织布机前不理睬他，嫂子不给他做饭，连父母也不愿同他讲话。

苦读一年后，苏秦再出茅庐，去见燕王、赵王，劝以合纵的策略，联合齐、楚、韩、魏等国共同对付日益强大的秦国。燕王和赵王采纳了他的建议，拜他做相国。后来他做了合纵同盟的纵约长，兼任六国的相国，主持联合抗秦的事务。

苏秦衣锦荣归，随行的车辆、护卫就像国君出巡一样。父母得到消息，到城外三十里的地方迎接他；妻子吓得恭恭敬敬地站在一边，侧耳听他讲话，斜眼看他，不敢正视；嫂子则跪在地上，十分谦恭地迎接他。

苏秦笑着对嫂子说：“嫂子为什么以前那样怠慢我，今天却对我如此恭敬呢？”嫂子趴在地上回答：“你位高而多金。”苏秦叹道：“一个人富贵时亲戚都畏惧他，贫贱时亲戚都轻视他，世态炎凉到了这种地步啊！”

对于现世人情，我们做不到“达则兼济天下”，因为我们不是圣人，但是我们起码可以做到“穷则独善其身”。这种世态炎凉的社会现象，我们无力去改变，虽然它无时无刻不在影响着我们的生活，但是只要我们不去在意，照样可以过好自己的生活。

“世态炎凉”也是很有道理的，人在江湖，身不由己，很多人为了能够混口饭吃，想要在社会上立住脚，为了达到自己的目的就必须经历世态炎凉。所以当你富贵无极的时候，肯定门庭若市；当你落魄潦倒的时候，也会“落叶萧萧”，因为那个时候你已无力对别人提供任何的帮助。所以，如果我们能看透这一本质，就会坦然地面对世态炎凉了。

曹雪芹恐怕比任何人都了解这种切肤之痛。在清朝刚刚建立的时候，曹家就和皇室有着非常密切的联系，当年康熙皇帝南下时住在他的家中。这样的荣宠无量，不知道有多少人对曹家阿谀奉承。而曹雪芹作为曹家的一分子，肯定也见过很多这样的嘴脸。

雍正年间，曹雪芹一家受到政治斗争的牵连，让他一下子从贵公子变成了贫民。那些曾经想要依附曹家的人全都作鸟兽散，曹雪芹也不再是那个众星捧月的贵公子，而是一个落魄之人。

这个时候，曹雪芹真切地感受到了世态炎凉，虽然曹雪芹经历过这么大的伤痛，但是他并没有因此对生活失去信心。他安贫乐道，过着自己的日子，即使衣食无着，也毫不在意。在这样的生活中，曹雪芹走上了文学创作的道路，最终写出了旷世奇作《红楼梦》。

世事就是这样变化无常，朋友之间落井下石，兄弟之间反目成仇的事情比比皆是。不管是曾经还是现在，都有人揭露和批判过这种丑恶世态，但还是依稀可见，所以我们要完全不受影响也是不容易做到的。那么，我们该如何去做呢？

1. 努力丰富自己的知识

古人说：“以青铜作镜子，可以正衣冠；以历史作镜子，可以知兴亡；以别人作镜子，可以明得失。”我们要通过学习，尽可能对那些丑恶的东西有一个清醒的认识；通过学习，我们可以净化自己的灵魂，陶冶自己的情操来抵制世俗的恶习。

2. 笑看我们经历过的和即将经历的

有时候，如果我们能看清自己，这本身就是一件很幸运的事，笑看今天和明天，一切都会好起来的，我们的心，我们的路，人情世态炎凉，都会一一看透。

3. 自己要做到不会成为趋炎附势的人

社会上有那么多趋炎附势的人，也许你、我就是其中的一个，如果有一天有人落难了，没有人帮助也是理解的，既然你曾经也是这种的人，为什么还说别人？为什么还说“世态炎凉”？说出世态炎凉的人大多都是落魄的人的感想。所以，我们自己就要开始做一个不趋炎附势的人，相信从我做起，一切将变好。

要知道，人与人之间的交往，不是为了利，而是为了情。我们谁也不想生活在一种没有真诚、充满戒心、相互猜疑的环境中，那样的生活太累了，太让人苦闷了。试想一下，在那样一种压抑的氛围中，我们能够开心吗？能够快乐吗？我想每个人都不愿意。一个和谐的社会，必须要一个和谐的人际关系来搭建。人间呼唤真情，为了我们生存的环境，让我们都打开真诚与人交往，物质生活的高度发达不能代替人们之间的关系，因为人们是有情感的，我们更需要精神生活的享受。

人生苦短，匆匆几十年，在这个世界上，没有什么是我们一定要拥有的，也没有什么是我们无法忘记的。我们尽可能放开那些在我们生命中无法长久存留的，不去钻进欲望的沼泽。

古人云："隐逸林中无荣辱，道义路上无炎凉。"心是荣辱的关键，有心恋荣辱，荣辱处处在；有心舍荣辱，荣辱处处无。倘若一心追求道义，又何必在乎世态炎凉呢？世上的是是非非只不过是镜中花，水中月，为何让自己偏于执着呢？

智慧锦囊

多为势利朋，少有岁寒操。

——李咸用

第七章

学会珍惜，并去感恩所遇到的一切

幸福，就是活在当下

时光不会重来，在这仅属于我们的时间中，做自己想做的事情，珍惜眼前的一切，活在当下，活出自己的每一个精彩。

有个小和尚，每天早上负责清扫寺院里的落叶。

清晨起床扫落叶实在是一件苦差事，尤其在秋冬之际，每一次起风时，树叶总随风飞舞。每天早上都需要花费许多时间才能清扫完树叶，这让小和尚头痛不已。他一直想要找个好办法让自己轻松些。

后来有个和尚跟他说：“你在明天打扫之前先用力摇树，把落叶统统摇下来，后天就可以不用扫落叶了。”小和尚觉得这是个好办法，于是隔天他起了个大早，使劲地摇树，这样他就可以把今天跟明天的落叶一次扫干净了。一整天小和尚都非常开心。

第二天，小和尚到院子里一看，他不禁傻眼了。院子里如往日一样满地落叶。

老和尚走了过来，对小和尚说：“傻孩子，无论你今天怎么用力，明天的落叶还是会飘下来。”

小和尚终于明白了，世上有很多事是无法提前的，唯有认真地活在当下，才是最真实的人生态度。

古希腊著名学者库里希坡斯发表过这样的言论：“过去与未来并不是存在的东西，而是‘存在过’和‘可能存在’的东西，唯一‘存在’的是现在。”

一天，有源禅师来拜访大珠慧海禅师，请教修道用功的方法。

他问慧海禅师：“和尚，您也用功修道吗？”

禅师回答：“用功！”

有源又问：“怎样用功呢？”

禅师回答：“饿了就吃饭，困了就睡觉。”

有源有些不解地问道：“如果这样就是用功，那岂不是所有人都和禅师一样用功了？”

禅师说：“当然不一样！”

有源又问：“怎么不一样？不都是吃饭、睡觉吗？”

禅师说：“一般人吃饭时不好好吃饭，有种种思量；睡觉时不好好睡觉，有千般妄想。我和他们当然不一样。”

这个禅宗故事指出了把握现在的重要性。而在现实生活中，很多人都没有生活在现在，他们总是将时间和精力浪费于瞻前顾后这件事情上。这个世界上一大半的悲剧是因为人们的瞻前顾后而造成的。这些喜欢瞻前顾后的人就像故事中的禅师所说的那样，吃饭时不好好吃饭，睡觉时不好好睡觉。

过去已经逝去，未来还未可知，人们与其在各自的生活轨迹中烦恼忧愁，还不如享受活在当下的乐趣，活出自己的精彩，毕竟真正属于我们的只有眼下这一刻。

智慧锦囊

生命不可能有两次，但许多人连一次也不善于度过。

——吕凯特

惜时会让我们不虚度年华

自古以来，凡是取得成就的人，没有一位是不珍惜时间的。大发明家爱迪生，平均三天就有一项发明，之所以会有这样的成就，是因为他抓住分分秒秒的时间进行仔细的研究，单是比较用什么材料来做电灯丝更好就做了一千多个实验。

伟大的文学家鲁迅先生有句格言："我不是天才，我只是把别人喝咖啡的时间都用在了工作上。"他之所以能为我们留下六百多万字的精神财富，正是由于他把别人喝咖啡的时间都用在了写作上。

数学家陈景润夜以继日，潜心于研究数学难题——哥德巴赫猜想，光是验算的草稿就有几麻袋，最终他证明了这道难题，摘下了数学皇冠上的明珠。

全世界无产阶级和劳动人民的伟大导师马克思，去世前还争分夺秒地写《资本论》。

一个人要想在有生之年做点贡献，就必须珍惜时间。只有珍惜自己的每一分每一秒，才可以把握住自己的人生。

司马光是我国北宋时期著名的政治家，也是当时了不起的文学家。流传千古、影响深远的历史著作《资治通鉴》就是他编写出来的。

司马光小时候在私塾里读书时，总认为自己不够聪明，他甚至觉得自己比别人的记忆力差。因为他常常要花比别人多两三倍的时间去记忆和背诵书上的东西。每当老师讲完书上的东西，其他同学读了一会儿就能背诵，然后纷纷跑出去玩了。司马光却一个人留在学堂里，关上窗户，继续认真地朗读和背诵，直到读得滚瓜烂熟，合上书本，能背得一字也不差时，才肯罢休。

司马光有时还利用一切空闲的时间，比如骑马赶路的时候，或者夜里不能入睡的时候，一面默诵，一面思考文章的内容。久而久之，他不仅对所学的内容能够记诵，而且记忆力也越来越好，少时所学的东西，竟终生不忘。他从小养成的学习一丝不苟，勤奋努力的习惯，为他后来著书立说奠定了很坚实的基础。

司马光一生坚持不懈地埋头学习、写作，常常忘记饥渴寒暑，他住的地方，除了书本，只有非常简单的摆设：一个板床、一床粗布被子、一个圆木做的枕头。

为什么要用圆木做枕头呢？原来是这样的，司马光常常读书到很晚，他读书读累了，就会睡一会儿，可是人睡觉的时候是要翻身的，当他翻身的时候，枕头就会滚到一边，这时他的头会碰到木板上，这样一振动，人也就醒了。于是，他就马上披衣下床点上蜡烛，接着读书。后来他把那个圆木枕头看成有思想的东西，还给它起了个名字，叫“警枕”。

就是凭着这种永不自满、永不懈怠的精神，司马光花了整整19年时间，编成了《资治通鉴》这部历史巨著。

有人说，岁月如梭。既然时间像流水一样，一去不回头，那么，我们就更须珍惜时间与把握时间。不要连时间是怎样跑掉的都不知道，那样，你就真成了一个浪费时间的“笨蛋”了。当然只知道把握时间，而不知如何去执行，也是不行的。所以，学习要有学习计划表，工作要有工作计划表，人生要有人生规划表，劳逸结合，方为良策。

一所学校里，一位老师弹奏出美妙动听的音乐。有人问她：“你弹得这么好，需要多少练习时间？”

“十分钟。”她说。

“这怎么可能？”

“真的，不过是每天十分钟。”她解释说。

原来，她是一位语文老师，那架钢琴是一家私人企业捐的，一直放在琴房里，曾有一个音乐老师，不过，她嫌工资低，走了。于是，她就成了这架钢琴的主人了。每次课间十分钟，她就去练练琴。不过，她只有十分钟时间，十分钟后，她就得停止。

十分钟能干什么呢？只不过是伸个懒腰的时间，只不过是喝口咖啡的时间，但她能充分利用这十分钟，使她那个十分钟拥有了更高的价值。

读完这个故事之后，我们明白了一个道理：短暂的十分钟原来可以创造出这么大的价值。其实，珍惜生命中的每一分每一秒就像我们积累财富一样，一分钱对于我们来说微不足道，但是，一百个一分钱，一千个一分钱，一万个一分钱甚至一亿个一分钱呢？

我们的人生也是如此，如果我们不能珍惜每一分每一秒，那我们将无法获得成功。就像我们每年的中考、高考，考完后，总有一些考生会说："要是再给我一分钟，我就能做完最后一题了。"可是你如果把握好平时上课的每一分钟，认真听讲，完成好作业，那你不就能在考试中更快地解题吗？何必要叹息那一分钟呢？所以，我们生命中的每一分每一秒，都是非常重要的，"不积跬步，无以至千里"，没有一分一秒的积累，哪来最后的成功？

惜时是每一个成功者的特点。只有珍惜我们所拥有的每一分每一秒，让每分每秒都过得充满意义，才能使我们离成功更近。更主要的是，惜时会让我们不虚度年华。

智慧锦囊

三更灯火五更鸡，正是男儿读书时。黑发不知勤学早，白发方悔读书迟。

——颜真卿

即使身处挫折，仍怀感恩之心

成功学家安东尼说：“成功的第一步就是先存有一颗感恩之心，时时对自己的现状心存感激，同时也要对别人为你所做的一切怀有敬意和感激之情。”

每个人的生命只有一次，走过去就不会重来。当我们面对挫折甚至磨难，身处逆境乃至绝境的时候，千万不要轻易放弃！尽自己最大的努力对生活深深感恩，这样，即使得不到预想的结果，也不至于捶胸顿足、后悔不迭。

程序员史蒂文斯在一家软件公司干了八年，正当他干得得心应手时，公司倒闭了。这时，又恰逢他的第三个儿子刚刚降生，他必须马上找到新工作。

有一家软件公司招聘程序员，待遇很不错，史蒂文斯信心十足地去应聘了。凭着过硬的专业知识，他轻松地过了笔试关。两天后就要参加面试，他对此充满了信心。

可是面试时，考官提的问题是关于软件未来发展方向的，他从来没考虑过这方面的问题，结果他被淘汰了。

不过这家公司对软件产业的理解让他耳目一新。他给公司写了一封感谢信：“贵公司花费人力、物力，为我提供笔试、面试的机会，我虽然落败了，但长了很多见识。感谢你们的劳动，谢谢！”

这封信经过层层传阅，后来被送到总裁手中，三个月后，史蒂文斯却意外地收到了该公司的录用通知书。原来，这家公司看到了他知道感恩的品德，在有职位空缺的时候自然就想到了他。这家公司就是美国微软公司。十几年后，史蒂文斯凭着出色的业绩成了微软的副总裁。

或许生活中的每一件事都无法尽善尽美，但我们还要感谢生活，感谢给予我们工作的老板，感谢给予我们生存的自然，感谢给我们生命的生活，每一天都充满感恩之心，即使遇到很多挫折与恶意也不要计较，更要积极地将每一天视作一个新的开始，一段新的体验。

我们生活在社会上，有了生存和实现人生价值的平台，我们的思想和才智才有了展现的舞台。当然，每个人的成功都离不开自己的努力，但扪心自问，我们的每次成功不是只靠自己实现的，正是因为有了他人对我们的支持和帮助，我们学到了新的知识和技能，才有了成功的机会，因此，我们不得不对他人感恩。

满怀感恩地去工作、生活，它将能为我们带来更多值得感激的事情。这是宇宙中的一条永恒的法则。班尼迪克特说：“受人恩惠不是美德，报恩才是。当人拥有感恩之心的时候，美德就产生了。”不要以为工作是平淡乏味的，当你怀着感恩之心去工作时，你就很容易成为一个品德高尚的人，一个更有亲和力和影响力的人，一个有着独特个人魅力的人。

有个忙碌的年轻人，一天开车出去办事看到一个小女孩在路边哭泣。他停下车上前去询问。

女孩边擦眼泪边对他说：“我想给妈妈买一枝红玫瑰，可是我只有5毛钱，而一支红玫瑰的售价是2块。”于是年轻人去花店买了一枝红玫瑰让小女孩送给她的妈妈。

女孩又说：“能再帮我一个忙吗，带我去见我的妈妈可以吗？”

年轻人答应了她，在女孩的引领下，他把车开到了一处墓地。女孩来到一座新修成的坟墓前，把那枝红玫瑰郑重地放在墓碑前说：“妈妈，我来看望您了，这是您最喜欢的红玫瑰。”

年轻人静静地站立在墓碑前。他突然想起已经很久没去看望自己的母亲，那个每次打电话来问寒问暖却被自己嫌啰唆的老人，那个只有母亲节才会想起来匆匆发个象征性的祝福短信的妈妈。

于是他立刻推掉了所有的工作应酬，买了一大束玫瑰花回家去看望自己的母亲。

也许只有面临失败和失去，我们才能体会到感恩的重要，然而我们在任何时候都要学会感恩，心存感恩，对亲人、对朋友，都应如此。要坚信，生命在给予我们挫折的同时也给予了我们坚强，当我们有了一段人生阅历后再来用一颗感恩的心去体会，你会发现完全不一样的人生，因此，请对生活报以感恩的情怀。

智慧锦囊

生活需要一颗感恩的心来创造，一颗感恩的心需要生活来滋养。

——王符

不忘责己之过，忘记施人之恩

感恩，可以说是一种美德。古人说，滴水之恩当涌泉相报。事实上，这句话所表达的不是一种现状，而是一种追求，完全做到的人并不多。即便如此，也不应放弃这种追求，因为记住别人对自己的好，以感恩的心态对待他人，以宽阔的胸襟回报社会，是一种利人利己、有益社会的良性循环。

两个在沙漠中行走已经多日的旅人，在他们口渴难忍的时候，碰见了一位赶骆驼的老人，老人给了他们每人各半碗水。两个人面对同样的半碗水，一个抱怨水太少，不足以消解他身体的饥渴，抱怨之下竟将这半碗水泼掉了；另一个也知道这半碗水不能完全解除身体的饥渴，但他心想：上天给我留下这半碗水，真是恩赐，并且怀着这份感恩的心情，喝下了这半碗水。结果，前者因为挑剔这半碗水而死在了沙漠之中，后者因为喝了这半碗水，终于成功地走出了沙漠。

爱因斯坦说过："我每天都要无数次地提醒自己，我的内心和外在的生活，都是在其他人的劳动的基础上。我必须竭尽全力，像我在曾经得到的和正在得到的那样，做出同样的贡献。"

我们的问题是：应该记住什么？又该忘掉什么？这可以是一个自然而然的过程，也可以是人为的过程。通常对于那些过五关斩六将的荣耀，人们更容易也更愿意记住，甚至在各种场合津津乐道；而对那些走麦城的教训，人们往往容易遗忘，或者刻意回避。还有一种情况，人们容易记住自己对别人的恩惠，却又淡忘自己受人之惠。

趋利避害是人的本能，从这个角度看，人们的记忆取向是自然的，完全可以理解。然而，人是有思想、有品格的，一些思想杰出、品格纯正的人，往往有着更高的境界。

在记忆取与舍的选择上，有这么一个小故事，或许可以给我们点启示：

阿里与好友吉伯、马沙一起外出旅行。三人经过一处陡峭的山路时，马沙突然失足滑倒，眼看就要摔下万丈山崖。就在这危急时刻，吉伯一把抓住马沙的衣襟，用力将马沙拉了上来。为了记住这一恩情，马沙在路边一块大石头上刻下了这样一行字：“某年某月某日，吉伯救了马沙一命。”

三个人继续向前走。在海边，因为一件小事，吉伯和马沙吵了起来。吉伯一时冲动，打了马沙一记耳光。但是，马沙没有还手。他跑到沙滩上，在沙滩上写下了一行字：“某年某月某日，吉伯打了马沙一个耳光。”

旅游结束后的一天，阿里问马沙：“你把吉伯救你的事刻在石头上，而把他打你的事写在沙滩上，这是为什么呢？”马沙回答说：“我要永远感谢并记住吉伯的救命之恩，至于他打我的事，我想让它随着沙子的逐渐流动忘得一干二净。”

马沙能够正确对待恩惠和怨隙，这一点值得我们学习和借鉴。但是，现实生活中，很多人的做法与马沙大相径庭。有的人对别人给予自己的帮助缺乏足够的感激之心，认为是应该的；有的人得到别人的帮助不知道应该回报，或者只是一时感激，时过境迁便很快遗忘；有的人甚至不辨是非恩将仇报……而当别人不小心损害了自己的利益时，很多人却会牢记在心，甚至长期耿耿于怀。整天挂在嘴上，逢人便说者有之；以牙还牙、冤冤相报者有之；寻找机会进行报复者有之……这种人不在少数。

有位哲人曾经说：世界上最大的悲剧和不幸就是一个人大言不惭地说："没人给过我任何东西。"这些人往往不知道，感恩会让他们得到更多的东西。

在一个闹饥荒的城市，一个家庭殷实而且心地善良的面包师把城里最穷的几十个孩子聚集到一块，然后拿出一个盛有面包的篮子，对他们说："这个篮子里的面包你们一人一个。在上帝带来好光景以前，你们每天都可以来拿一个面包。"

瞬间，这些饥饿的孩子仿佛一窝蜂涌了上来，他们围着篮子推来挤去大声叫嚷着，谁都想拿到最大的面包。当他们每人都拿到了面包后，竟然没有一个人向这位好心的面包师说声谢谢，就走了。

但是有一个叫依娃的小女孩却例外，她既没有同大家一起吵闹，也没有与其他人争抢。她只是谦让地站在一步以外，等别的孩子都拿到以后，才把剩在篮子里最小的一个面包拿起来。她并没有急于离去，她向面包师表示了感谢，并亲吻了面包师的手之后才向家走去。

第二天，面包师又把盛面包的篮子放到了孩子们的面前，其他孩子依旧如昨日一样疯抢着，羞怯、可怜的依娃只得到一个比头一天还小一半的面包。当她回家以后，妈妈切开面包，许多崭新、发亮的银币掉了出来。

妈妈惊奇地叫道："立即把钱送回去，一定是揉面的时候不小心揉进去的。赶快去，依娃，赶快去！"当依娃把妈妈的话告诉面包师的时候，面包师面露慈爱地说："不，我的孩子，这没有错。是我把银币放进小面包里的，我要奖励你。愿你永远保持现在这样一颗平安、感恩的心。回家去吧，告诉你妈妈这些钱是你的了。"她激动地跑回了家，告诉了妈妈这个令人兴奋的消息，这是她的感恩之心得到的回报。

民间有句俗语说得好："你帮别人快忘记，别人帮你要牢记。"这是一句教人加强道德修养、宽厚待人的处世良言。现代社会，人们的交往面比过去大大增加，接触的人更多，人际关系更复杂，人与人之间的合作、矛盾、思想乃至利益的碰撞也更多。因而，更需要我们保持仁厚之心。

经济学家孙冶方和舞蹈家资华筠都是第五届全国政协委员，他们常在一起开会。一天，孙冶方得知资华筠是著名学者陈翰笙的学生，就主动告诉她："你的恩师也是我的引路人啊。我是在他的影响下，参加革命并且对经济问题产生兴趣的，所以我很感谢他。"

后来，资华筠把这件事告诉了陈翰笙，翰老却说："不记得了。"资华筠认为老人年事已高，记不清楚了，嗔怪着说："人家大经济学家称您是引路人，您倒把人家忘记了！"不料，翰老十分认真地说："我只努力记住自己做过的错事——怕重犯。至于做对的事情，那是自然的、应该的，记不得许多了。孙冶方选择的道路和成就，是他自己努力的结果，我是没什么功劳的。"

随时不忘责己之过而时时忘记施人之恩，更是一种难得的美德。

记住自己做过的错事，是避免重蹈覆辙的前提。一个人想要少犯错误，不断取得进步，就必须做到这一点。一般情况下，施恩者在有意无意之间都希望受益者给予回报，倘若受益者没有什么表示，施恩者往往会气恼不快。相比之下，像陈翰笙先生那样把自己施人之恩视为"自然的、应该的”，淡而忘之，不求回报更是难能可贵。这种真诚、宽厚的胸怀，是一种更高、更深的境界。

人生在世，要互相理解，互相帮助；多反思自己的不足，多感激别人的恩惠，少谈论别人的缺点，对矛盾不要总是耿耿于怀。如果能做到这一点，人与人之间的摩擦就会减少许多，社会就会更加和谐，生活也会更加温馨。正如法国启蒙思想家卢梭所说：“忍耐是痛苦的，但是，它的结果却是甜蜜的。”铭记着自己的引路人，念念不忘别人对自己的恩典；不记得自己做过的好事，只努力记住自己做过的错事，这种情怀与境界，非比寻常。

智慧锦囊

人家帮我，永志不忘；我帮人家，莫记心上。

——华罗庚

感谢让你走出困境的人

如果你是一个苦恼的人，你应学会感恩，因为感恩是驱除你苦恼的良方妙药；如果你是一个对生活心灰意冷的人，你应学会感恩，因为感恩的时候就是你的身心得到温暖的时候；如果你是一个郁郁不得志的人，你应学会感恩，因为感恩会使你的心情渐渐变得舒畅、渐渐平和；如果你是一个只顾索取的人，你更应学会感恩，因为感恩会使你懂得适当地给予；如果你是一个快乐的人，你也应学会感恩，这样，你的快乐就会取之不尽，它会把你塑造得更完美。朋友，如果你想有一个好的心境，那不妨试着学会感恩，把每一天都当作你的感恩节。

感恩是一个人善良的表现，它是人与生俱来的本性，并且也是现代人健康性格的表现。如果一个连感恩都不会的人，他一定有着一颗冷酷绝情的心，这样的人是绝对不会为社会做出贡献的。

有两个人同时去拜师学艺，在途中，他们询问一位老者去学艺的路途，老者见两人饥肠辘辘，就给了他们每人一份食物。

其中一人接过食物后，很是感激，连说了几声谢谢；另一人在接过食物后却无动于衷，仿佛这是理所当然的。后来，他们才知道，这个老者就是他们要找的人，这个老者让说谢谢的人上了山门拜了师，而另一个则被拒之门外。

这个被拒之门外的人非常不服："我不就是忘了说句'谢谢'吗？"老者笑着回道："你不是忘了，没有感恩的心，肯定就说不出谢谢的话，一个不知感恩的人肯定不知道爱别人并且也得不到别人的爱。”

所谓的感恩，是一种对别人的恩惠表示的感激之情，是一种铭记恩情的情感。我们要学会感恩，就是要把不计回报的付出铭记于心，就是要让自己的心灵时刻记住要报恩。我们唯有用纯真的心灵去感恩、去铭记，才能真正对得起那些给你恩惠的人！

曾经在一篇杂志上看到这样一个故事：

一个美国人为了给自己的妻子治病而跑遍了世界，最终无法医好妻子的时候，这位美国人想到了中国的中医，他抱着最后一线希望来到了中国。由于这位美国人在到处寻医问药给妻子看病的时候，已经把绝大部分的钱花光了，使得他没有能力再去请一位翻译。语言不通的问题让他甚感头疼。幸运的是，一个来自宁夏的贫困生接受了这份待遇极低的工作。这个贫困生在帮老外看病的过程中，除了要帮忙翻译以外还要帮着去挂号拿药，就像一个勤杂工。但是不久后，这个贫困生有一个为大公司做翻译挣更多钱的机会。美国人没有办法，只好请求贫困生帮助他再找一个翻译，哪怕只会最简单的交谈。这位小伙子想了半天最终还是决定留下来帮助老外，老外感动得强忍住眼里的泪花，什么也没有说。

一段时间后他带着妻子回国了。第二年，他给这个贫困生写信，说妻子已经去世了。一晃三年过去了，这个小伙子也该毕业了，在他为工作之事发愁的时候，收到了来自美国的一封信，是那个老外发来的，信的大概意思是说，他为小伙子的善良与为人所打动，让他在这三年来念念不忘，他在他太太去世后又重新打理了公司，现在想要到中国来发展，但是需要一个代理人，问小伙子愿不愿意，并且给出的报酬是每月八万美元。

生活中不会有平白无故的因果报复，也不会有无缘无故的好运。你无怨无悔地付出，可能会马上得到回报或是隔一段时间才会得到回报，也可能是根本就得不到回报，但这些都无所谓了，因为你在做这件事情的时候根本就没有想过要得到别人的回报，所以你还是以平常心继续生活，并继续做着与人为善的事情。但是你还要记住，在前行的路上，你投入的一滴水，也许已经变成了涌泉在等你。

总结上面所说的，我们可以得出以下几点启示。

1. 要懂得说谢谢

你如果懂得如何表达感恩，那么你将享有丰富、温暖的人际关系。因为每个人都喜欢听感谢的声音，并且感谢的语句是最好的结缘良方。你如果对朋友说声“谢谢”，对帮助你的人说声“谢谢”，你不但能增添友情，还能让彼此之间的情谊更加坚固。

2. 对别人的帮助要心存感激

在别人帮助自己的时候，要让自己的心灵时时感受到温暖和鼓励，并且在自己的能力范围内去帮助别人，这样爱心就像接力棒一样传递下去，全世界就会被温暖、爱心和欢声笑语所充盈。

只有懂得感恩的人才能体会到人间的真情所在，只有怀有感恩之心的人才能品尝到人生最甜美的果实。

他人对我们的帮助是需要我们用一生来铭记的。当我们陷入困境的时候，当我们对生活丧失信心的时候，有人帮助了我们，让我们对生活有了新的希望；当我们郁郁不得志的时候，有人给予了我们一个机会，使我们扶摇直上；当我们努力让自己的人生更上一层楼，却无能为力的时候，有人拉了我们一把，让我们实现了飞跃……无论是什么样的帮助，无论是出自什么样的意图，都对我们的人生产生了积极向上的影响。这样莫大的恩惠，我们难道不应该铭记于心吗？而我们不仅要铭记于心，还要在他人有困难的时候伸出援助之手来报答，我们要让帮助我们的人真正地感受到“好人有好报”。只有这样，这个世界才是温暖的，我们每个人才都能生活得很快乐。

智慧锦囊

没有感恩就没有真正的美德。

——卢梭

第八章

把握机会，幸运不会光顾不善于利用时机的人

拥有发现机会的敏锐嗅觉

其实生活中处处隐藏着机遇，很多“嗅觉迟钝”的人会置之不理，于是和机遇擦身而过。只有那些拥有敏锐“嗅觉”的人，善于观察细节的人，才会把它们发掘出来。

机遇往往都是瞬间出现，而又瞬间消失。善于把握机遇的人往往会成为最后的成功者。当机遇出现的时候，能否认识它，抓住它呢？拥有敏锐的“嗅觉”是非常重要的。机遇有时已经出现了，就在你的眼前，它向你招手示意。

遗憾的是，很多人不知道这就是自己找寻已久的机遇，对它视而不见，于是机遇只能无奈地去找寻另外一个能够认出它的人。当自己猛然觉醒，它已走了很远很远，或者已经成了别人的所有物，那时才后悔莫及，欲哭无泪。

事实上，很多历史上伟大的发明都是因抓住了难得的机会而促成的，有一半以上是因为发现了一些别人所不曾发现的细微之处，而这些细微之处都促成了这些科学家的成功。机会是一种偶然现象，但其背后隐藏着必然性，这就要看你是否拥有敏锐的“嗅觉”。

X射线的发现就是德国物理学家伦琴有一次在研究阴极射线管的放电现象时，偶然发现例证。

当时，放在旁边的一包封于黑纸中的照相底片走了光。伦琴分析可能有某种射线在起作用，经过进一步实验后，这一设想被证实了，于是伦琴意外地发现了X射线。为此，伦琴于1901年荣获诺贝尔物理学奖，然而，事实上在伦琴之前已有不少人碰到过这种机会，但是由于他们“嗅觉”不够灵敏，最后与成功失之交臂。如1879年的英国人克鲁克斯、1890年的美国人兹皮德和詹宁斯，以及1892年的勒纳德和德国一些科学家都遇到过同样的事情，但他们忽视了这一细微之处，有的埋怨自己不小心，有的以为这与自己的研究课题无关，从而错过了成功的机会。

机遇对一个人的成功起着非常重要的作用，但是并不是所有的人都相信机遇能改变自己的一生，能够让自己走出平庸。于是他们在机遇来临的时候，无法意识到那就是机遇，更无法谈到利用机遇来改变自己的命运。很多时候，成功就来自对机遇的把握。

我们接触的信息也非常多，每一条信息可能就会蕴含着一个机会，每一天都有这么多机会在你的周围徘徊，难道你真的还没有意识到吗？那些成功人士都是非常会捕捉信息和机会的人，掌握了更多的信息，便是拥有更多机会的可能，便是掌握了自己的命运。

美国著名发明家兰德以其研制的瞬时显像机而震惊世界，可有谁知道，这种显像机的诞生靠的完全是一条非常容易被忽视掉的信息，而这条信息居然来自兰德的女儿。

有一次，兰德给他的爱女照相，小姑娘撒娇说："爸爸，我要马上看到照片！"这样一句不知道被多少人说过的话钻进兰德的耳朵里，竟然成了一个非常重要的机会。于是，兰德立即着手瞬时显像机的研制，经过半年的努力，他终于获得了成功，并为这种瞬时显像机取名为"拍立得"相机，由于它能在60秒内洗出照片，所以又称为"60秒相机"。

如今，"拍立得"已经遍布全球，而兰德也被永载于相机史册。

我们平时要注意观察生活，无论是从报纸图书上看到的，或是从别人口中听到的东西，都要认真思考，这对于自己而言，到底是不是一个良好的机遇呢？如果你确定这是一个非常好的机会，那么你就赶紧抓住它吧。

法国著名雕塑家罗丹说过：“世界上不是没有美，而是缺少发现美的眼睛。”同样，生活中不是没有机遇，而是缺少细心观察、发现机遇的敏锐“嗅觉”。所有的机遇不可能都完整地排在每个人的面前，更多的是需要我们用心观察生活，挖掘生活的每一个细节，这样机遇才能得以实现它的价值。

所以年轻人在求职、择业的过程中，同样要有敏锐的“嗅觉”，多留意信息，便多一次人生的选择；多一条信息，就意味着比别人多一条出路；多一条信息，便是多一个改变一生的机会。

某重点大学曾经有一名毕业生，在毕业求职的时候，感受到了竞争的压力，在所选择的单位中，不是人员过多，就是需求太少，眼看求职期即将结束，他仍没有“婆家”，无奈之下，他只好独自一人走出校门闲逛。

在公共汽车上，他与一位陌生人闲聊起来，那位陌生人告诉他，自己刚从一家公司面试回来，但那家公司最终放弃了他。大学生灵机一动，认为这是一个有价值的信息，于是继续与陌生人聊了下去。原来，有一家电脑公司刚刚成立，百废待兴，正处于招兵买马的阶段，因为公司规模尚小，除了在公司门口贴了一张招聘广告之外，再也没有做其他宣传。

听完这些，大学生立即下了公共汽车，直奔这家公司而去，凭着自己名牌大学的出身和计算机专业的文凭，他最终得到了这份工作。而今，他已经是这家公司的副总经理，主管程序设计工作。

事实上，在我们每一天的生活中，机遇无处不在，当你独自徘徊走在街头，当你埋怨着机会没有眷顾你的时候，你有没有想过，就在此时，也许你眼见的画面就是一个机会。

智慧锦囊

只有愚者才等待机会，而智者则造就机会。

——培根

善于等待时机

秦国宰相范雎得到秦昭襄王的充分信任，在内政和外交上为秦国做出了很大贡献，使秦国在当时建立了霸主地位。他的权势不仅在秦国国内，对其他诸侯也有很大影响力。

但是，在他为相的后几年，出现了令范雎“惧而不知所措”的事情。事情发生在他为相的第七年，由他所推荐而被提拔为将军的郑安平，在和赵国的一次征战中苦战不敌、率兵投降。过了两年，他所推荐的河东太守王稽，又因私通诸侯被诛。按照秦国当时的法律，投降和私通外邦都是重罪，而推荐者也须连坐，就是说推荐者和犯罪者一样，也得被杀头。只是由于他深受昭襄王信任，才被豁免。

相继发生的这两件事，使得范雎心里感到恐惧和不安。这个消息很快传开了，那些早已虎视眈眈等候时机的各国说客见此良机莫不大感兴奋。

燕国有一位名叫蔡泽的说客听到这一消息认为机不可失，于是立即动身前往秦国。一到秦国，他便托人介绍，晋见范雎。

游说的人以及被游说的人都是说客出身。蔡泽现在的情形和几年前范雎的经历大同小异，这使范雎不禁产生了一种沧桑之感。他苦笑着接见蔡泽。

蔡泽说道：“逸书上有记载：‘成功者不可久处。’你该趁这个时机辞去相位才算聪明，这样人们才会赞誉你的清廉如同赞誉伯夷，同时你也才能够保持长寿如同赤松子（相传为神农时雨师）。如果你只知晋升不知隐退，只知伸不知屈，只知往不知退，必然会带给自己祸害。这个比喻，请您三思。”

范雎答应着说：“善。吾闻‘欲而不知止，则失其所以欲；有而不知止，则失其所有。先生幸教，雎敬受命。”

蔡泽离开之后，范雎没有立即请辞，而是耐心等待。

几天之后，范雎进朝，见时机差不多了，就推荐蔡泽，自求隐退。昭襄王挽留他，但范雎辞意坚定，并假托重病在身，最后终获应允。

相同的故事也发生在战国时的四公子之一安陵君的身上。

安陵君是楚王的宠臣，很受器重，但是他也有后顾之忧。他的朋友是这样分析他的处境的：“您没有一点土地，宫中又没有骨肉至亲，然而身居高位，享受优厚的俸禄，国人见了您无不整衣下拜，无人不愿意接受您的号令、为您效劳，这是为什么呢？”

安陵君说：“这是大王太抬举我了，不然哪能这样！”

朋友却指出：“用钱财相交的，钱财一旦用尽，交情也就绝了；靠美色结合的，色衰则情移。因此狐媚的女子不等卧席磨破，就遭遗弃；得宠的臣子不等车子坐坏，已被驱逐。如今您掌握楚国大权，却没有办法和大王深交，我暗自替您着急，觉得您正处于危险之中。”

尽管他的朋友眼光锐利、料事如神，但安陵君觉得事情的发展不会像他想的一样顺利和平静。安陵君的过人之处就在于他有充分的耐心，一直等候着楚王欣喜而又伤感的那个时刻，这时安陵君的表白无疑是雪中送炭、温暖君心，因此收到了奇效，保住了长久的荣华富贵。

所以，学会在等待中累积知识和经验，当时机未到时，必须学会等待。

智慧锦囊

乘着顺风，就该扯篷。

——塞万提斯

机会向来青睐那些有准备的人

西方有位哲人曾经说：“有事情发生，便有机会存在。”中国古人说：“凡事预则立，不预则废。”每一件事情的发生都潜藏着机会，但机会向来青睐那些有准备的人。

有所成就的人付出了很多的努力和辛勤的汗水，为了达到自己的目标，早就做了各方面的积极准备，并且深思熟虑，精心筹划。他们一步一个脚印，坚持不懈，靠自己的勤奋与实力让量变累计达成生命的质变。就像大学毕业生找工作，有的人很快找到了令人羡慕的工作，有的人却奔波劳累难以如意。通过调查就会发现，那些很快找到合适工作的人，往往在学校期间已经为将来的工作做着准备，他们努力地学习专业知识，博览群书以增长见识，参加各种社会实践以提升自身的素质和能力。从入学开始他们就为自己的将来做好了积极的准备。

而那些一毕业就失业的同学，往往在大学期间想尽办法逃课而在宿舍睡懒觉、玩游戏，将光阴白白地耗费掉，导致专业知识不精，社会实践能力也不行。由此可见，机遇永远青睐有备而来者。

在欧洲厄尔士山山脚下，有一个叫麦森的德国小镇，是闻名世界的“欧洲瓷都”。在这个著名的瓷都，有一个叫贝特格的传奇人物。

在30多年前，贝特格是麦森陶瓷厂的一个垃圾工人，负责将陶瓷厂里的废泥、废瓷器片等废料从厂里运到垃圾场。当时，麦森陶瓷厂完全靠着一位叫普塞的意大利技师和他的几个徒弟支撑。普塞是麦森陶瓷厂花重金聘来的，月薪1万欧元。

普塞是一个个性非常强的技师，有一天，他因为跟厂方在工作方面有不同的见解而发生了激烈的争执，一怒之下带着自己的几个徒弟回到了意大利，并且发誓要让陶瓷厂倒闭。

唯一的技师走了，麦森陶瓷厂的管理阶层一团乱，停产一日损失巨大啊！他们七嘴八舌地议论着，有的建议赶紧去意大利向普塞赔礼道歉，并且再将薪水大大地提高。有的建议，如果普塞实在不肯来，就必须迅速招聘，并且要将招聘启事贴满意大利的任何一面小墙，反正要不顾一切地招到新的技师才能解决当下的燃眉之急。

谁也没想到，正在气头上的普塞技师一心要看麦森陶瓷厂的笑话，根本不将加薪这件事情放在眼里，并且对意大利的同行大肆宣传，不要接受麦森陶瓷厂的聘用，否则你一定会后悔的！

麦森陶瓷厂看来要倒闭了。这时，一个叫贝特格的垃圾工人从人群里走出来，他说他想试一试。

领导们压根儿不把他当一回事，还嫌他来添乱呢！

可是贝特格不慌不忙，拿出一只从家里带来的花瓶说："这个是我自己烧制的，请各位好好看一看，它的质量跟咱们厂的产品相比，哪个更好？"

在场的高管们看过花瓶后赞不绝口，怀疑地问："这花瓶真的是你自己亲手烧制的？”贝特格给予了肯定的回答。

原来，这个默默干了近十年的垃圾工，每天都在偷学普塞技师的手艺。他痴迷陶瓷技艺，连厂方正式派去跟普塞技师学艺的工作人员都没能学会的东西，贝特格却早就烂熟于心了。

在场领导目瞪口呆地问贝特格：“你有什么需要，尽管提出来。”

贝特格说：“我现在的月工资是20欧元，能不能将我的月工资提高到30欧元？”他见领导没有回答，怕对方不答应，连忙解释道：“我还做我的垃圾工，只是兼职做技师而已，因为我的母亲患有严重的哮喘病，每个月都需要服用10欧元的药物，而我的工资只够维持全家人每月的生活开销。”

麦森陶瓷厂领导说：“你不用再干运垃圾的工作了，并且，从现在开始，你的月薪跟原来普塞一样，每月1万欧元。”

贝特格，一位普普通通的垃圾工，只是一心一意地学心爱的陶瓷技术，压根儿没有想到自己有生之年能拿到那么高的工资。如今，麦森已成为德国的陶器重镇，而贝特格的名气也远远超过了意大利的任何一位顶级技师。

在这个世界上的任何一个人，想要突破现状，想要获得成功，想要争取机会，就要善于学习，不要因为暂时的不见起色而选择放弃。

只有高瞻远瞩、不懈努力的人，才能在平凡的日子里不断成长。在机会来临的时候、在别人退缩或者众人一筹莫展的时候，才有机会像贝特格一样，展现自己的才能，坦然迎接各种挑战和考验。

不要小看准备，不要小看默默无闻的努力，积水成渊，积土成山，任何大智慧都是小思考的积累，任何大成绩都是小成绩的汇合，任何大事业都是各种小事的达成与持续。准备工作，就是知识的积淀、力量的聚合和条件的创造。机遇当然会留给有准备的人，在台下练了十年功的人，当舞台上紧急缺主演的时候，才能自告奋勇一展舞姿。正如金庸小说里的绝世武功高手，在人人都不注意的时候默默地修炼武功，在有需要的时候才会叱咤风云，让江湖众多高手惊叹。

不经历风雨怎么见彩虹，没有人能够随随便便成功。我们不能期待每一滴汗水都有直接的回报，但是成功必然少不了昔日汗水的付出。

邓亚萍曾经是中国乒乓球队的战将，但最初她曾因身高问题并不被很多人看好，甚至被怀疑。她也想过放弃，但她实在太热爱打乒乓球了，她相信兴趣是最好的老师，坚持下来一定会看到不一样的风景。于是，她日夜刻苦训练，付出了常人难以想象的努力，后来，她以出色的专业水准被选拔进国家队。在后来的比赛中，邓亚萍从国家队里脱颖而出，犹如一匹黑马，将一个又一个强大的对手击下去，并且多次荣登冠军宝座，创造了属于自己的辉煌。

所以，与其一味埋怨先天条件不好、社会不公，与其记恨命运的刁钻、惋惜已经失去的机遇，不如好好努力，时刻准备着，一切会水到渠成。成功的人比起一般的人来说，一定是更能吃苦耐劳、更努力、更勤奋的人，最重要的是他们做得比别人多。

有的人说："成功是靠运气得来的。"但是，运气也许是成功的推动器，但它并不是决定成败的关键。成功是靠一点一滴积累起来的。要想获得成功，就需要比别人付出更多的努力、精力，每天无所事事、怠慢懒散的人是不会获得成功的。

智慧锦囊

机遇只偏爱那些有准备头脑的人。

——巴斯德

别因等待而错过

时间如河流，每一刻都在流淌，每一刻都在逝去。最终等到的，即便是同一种事物，但我们获得事物时的心情，已不是当初的心境。况且，很多时候，等待的最终结果，都是失望或者诀别。

不知大家想过这个问题没有——当有一天自己垂垂老矣、行将就木，回想自己的人生，会做何感想呢？是觉得此生足矣，还是懊悔不迭？抑或怅然若失？

有人或许会觉得：我还这么年轻！是啊，年轻真好，有着大把的时间，只是不知你是否还记得，曾经幼小的自己，托着下巴坐在窗前，想象长大后的样子，当时也觉得那是一件多么遥远的事！

人生就像是一次旅程，刚坐上车时有点兴奋，未到站之前总觉得目的地是那么遥远。等到达了，下了车，旅程也就此结束了。其实人从生下来那一刻起，终其一生都要面对一个问题：死亡。

一天深夜，一家医院的危重病房里，一位癌症患者静静地躺在床上，妻子在他身侧的床上睡着了。这时死神来到他的身边，他知道自己生命的最后时刻到来了！于是他隔着氧气罩，含糊不清地哀求死神：“再给我几分钟，就几分钟，好吗？”

“你要这几分钟干吗？”死神不屑地看了他一眼。

癌症患者紧吸几口气，说：“我要用这最后的几分钟，感谢一直陪在我身边的妻子。自从她嫁给我，就没过过一天好日子。还有我的亲朋好友，得病之后我才感觉我是多么需要他们。我还要用这最后的几分钟，好好看一看我留恋的这个世界。或许我还能听一片树叶从枝头飞落到地上的那一声叹息；运气好的话，我也许还能看到一朵花儿由封闭到开放的过程。”

“你的想法很不错，”死神说，“可是我不能答应，因为在此之前，我给了你足够的时间去欣赏、去珍惜，但你却没有，在你的一生之中，有过何止是十几万分钟，可你却从未将此放在心上，现在却反过来恳请我再多给你几分钟！”

看看我们的周围，有多少人的一生不是输在了一个“等”字上呢？总有人会说，等将来，等不忙，等下次，等有时间，等有条件，等有钱了，会怎样怎样，可是等来等去，你想买的东西一样也没有买，你想去的地方还一处都没有去，你想要报答的人也在日渐老去。

曾经有一位玉友，2015 年的时候，看到市面上的和田玉、南红价格都很高，觉得泡沫快要破裂了，并兴奋地说，等泡沫破裂他就可以抄底了。结果呢，2016 年，玉石价格再次上涨，他又说，2017 年肯定会跌，到时候再入手。

可是 2017 年已过大半，但玉石的价格不仅没下跌，反而越涨越高，并且好料子都很少见了。他苦恼极了，最后不得不出高价买了几块品级并不高的玉石，要知道，同样的钱，在 2015 年买的话，可以入手非常好的玩料。

在生活中，和这位玉友持有同样想法的人不在少数。很多时候，我们之所以会觉得幸福感缺失，往往和我们蹉跎光阴、盲目等待有着千丝万缕的关系。其实，每个人只拥有当下，等待中的未来总是遥不可及。

当岁月逝去，往事成昨，当初崭新的希望或愿望，经过或长或短的等待光阴的冲刷，早已不复当初的光鲜明媚。即便最终愿望成真，但此时此景与彼时彼刻，总有一种疏离感，人生中很多可以享受的瞬间、可以欢悦的刹那，都在等待中错过了。

人生不要等，幸福不能等。想爱就去爱，想要就去争取。不要把生命活成一场无尽的等待，生命要想美丽，活得要想漂亮，只有把握住今天和当下。因为很多事，很多人，很多情，一旦错过，就永难回头。

智慧锦囊

晚秋季节还能找到春天和夏天错过的鲜花吗？

——巴尔扎克

主动创造机会的人是真正的强者

马其顿国王亚历山大大帝在打了一场胜仗之后，有人问他，假如有机会，他想不想攻占第二座城市。“什么？”亚历山大怒并吼起来：“机会？机会是我自己制造的！”

摩托罗拉公司的创始人保罗·高尔文出生在美国伊利诺伊州的一户平民家庭，10岁那年在一个名叫哈佛的小镇上念书。哈佛镇当时是个铁路交叉点，火车一般都要在此停留，加煤加水，于是，许多孩子便趁机到火车上卖爆米花，赚点钱。

高尔文感到在火车站卖爆米花是个不错的买卖，于是，上课之余，他也加入了卖爆米花的行列。为了争夺顾客，孩子们常常会爆发一些“战事”，但每当“战火”烧到高尔文身边时，他总是能很快与对方和解。他常常告诫对方：“我们这样闹下去，谁也做不成生意了。”

除了到火车上叫卖，高尔文还想了许多办法来增加销量。

他搞了一个爆米花摊床，用车推到火车站或马路上叫卖，还往爆米花里掺入奶油和盐，使其味道更加可口。

1910 年，哈佛镇下了场大雪，几列满载乘客的火车被大雪封住。高尔文瞅准时机，赶制了许多三明治拿到车上去卖。三明治做得并不太好，但饥饿的乘客们仍抢着购买。高尔文因此发了笔小财。

夏天到来后，高尔文又创意地搞了一种新产品，他设计了一个半月形的箱子，用吊带挎在肩上，在箱子中部的小空间里放上半加仑冰淇淋，箱边上刻出一些小洞，正好堆放蛋卷，然后拿到火车上去卖。这种新鲜的蛋卷冰淇淋很受欢迎，生意非常火爆。

在火车上做买卖很快成了一个大热门，不但镇上的孩子们纷纷加入竞争行列，而且铁路沿线其他村镇的孩子也纷纷仿效。高尔文隐隐感到这种混乱局面不会维持太久，便在赚了一笔钱后果断退出了竞争。不出所料，不久之后，车站就贴出通告，禁止一切人在车站和火车上做买卖。

卖爆米花的经历，培养了保罗·高尔文对市场动态敏锐的把握能力以及主动出击的能力，也成了他日后经营生涯中赖以制胜的性格法宝。在以后的岁月中，每当某些产品或销售进行得不顺利时，他就会向他的同事们讲述这个“卖爆米花的故事”。

能够主动发现机遇、抓住机遇、创造机遇的人，往往都具有敏锐的洞察力和预测能力。在一开始的时候，我们不一定能够具备这种能力，但是我们至少要有这种意识。

机会不会两次敲你的门，等待好机会才做事的人，永远不会成功。

在美国的很多大学里，经常会举办一些讲座，听讲座的同学总是拿一张硬纸，中间对折一下，形成一个角度，使它可以立着，然后用颜色很鲜艳的笔大大地用粗体写上自己的名字，放在桌子上，以便于讲演者想要进行提问时，能够看见，直呼其名。原因在于，来讲座的人很多是华尔街或跨国公司的高级管理人员，是所在行业的一流人物，如果你有幸被提问，而且回答令提问者满意或吃惊时，你很有可能就会因此而获得机会。我觉得这就是创造机遇的一种方式。

确实，在人才辈出、竞争日趋激烈的时下，机会一般不会自动找到你，只有敢于表达自己，让别人认识你，吸引对方的注意，才有可能寻找到机会。

被誉为世界上最伟大的推销员的吉拉德，总是随身带着名片，见到人就递上一张，有时在观看体育比赛，当观众为运动员的精彩表演而起立欢呼时，他就掏出一把名片随手撒出，以便为自己创造更多的机会。

在日常生活中，有些人总希望有一个突然的机遇把自己从地狱送到天堂，眨眼之间就具有一份值得炫耀的工作。但事实上，只有小部分机遇是靠侥幸得到的，更多的是要靠自己的努力和实力去争取。

智慧锦囊

一个聪明人所创造的机会比他所发现的机会更多。

——培根

第九章

努力而不蛮干，朝着正确的方向走

成功从设定目标开始

一个人无论现在多大年龄，他真正的人生之旅，是从设定目标的那一天开始的，以前的日子，只不过是在绕圈子而已。

罗成今年未及而立，已经拥有了一个家具公司和一家砖厂。事业有成的他，在我们市里算是一个小有名气的人。

一天，有个青年慕名前来拜访他，求取成功的秘诀。罗成什么都没说，只是让他去自己所属的砖厂帮工人们给客户上砖头。

傍晚的时候，那个青年疲惫不堪地回来。

“你今天上了多少块砖头？”罗成问他。

青年一脸茫然，显然他没有注意到这个数目问题。

“你今天和两个工人一起上了5车砖头，”罗成告诉那个青年，“明天你再来试试，看用相同的时间，能不能自己上5车砖头。”

“可是，”青年伸出磨出水泡的手，“我已经尽了全力了啊！”

“明天再来试试，我把我成功的秘诀告诉你。”罗成对他许诺。

第二天傍晚，那个青年又准时来到罗成的门前，比昨天更加疲惫。他用难以置信的目光看着罗成：“今天我真的独自一人上了5车，今天和昨天比差距那么大，是什么原因呢？”

罗成引导他，青年想了一下，忽然眼睛一亮，神情豁然开朗：“那是因为我有了目标。”

“不错，”罗成赞许地说，“我想你现在可能已经知道我要告诉你的秘诀是什么了，那就是做事前先设立一个目标。当我还是一个穷光蛋的时候，我就把成为一个万元户作为行动的目标。成了万元户，我又把十万元当作目标，是一个又一个目标让我有了今天的成功。其实有时候，人生之旅的第一步也是很重要的一步，就是设定一个目标，年轻人，选定了方向就努力向前吧。”

为了求生存，求成功，我们必须在杂乱中建立秩序，找出一个正常的步调，确定一个目标。如果没有目标，就只能在人生的旅途上徘徊。永远到不了目的地。正如空气对于生命一样，目标对于成功也有绝对的必要。

设定目标要重视四个因素：一是了解你想做什么；二是了解你能做什么；三是要将愿望和能力、现实相统一；四是要学会放弃，要抑制想知道一切、达到一切、拥有一切的贪婪欲望。

智慧锦囊

在一个崇高的目标支持下，不停地工作，即使慢，也一定会获得成功。

——爱因斯坦

难以企及的目标，只会适得其反

毫不夸张地说，人生旅途上的阶段性目标，是成功之路上一个一个的关卡。要到达最终目标，必须看清楚这一个接一个的关卡，做好安排，及时行动，及时突破。

艾薇儿确定的奋斗目标很具体，很切实际。她的十年目标是：20 岁的时候开始作曲、作词，在演戏方面则要接拍大一点的角色；23 岁时必须接受各种培训和训练，包括音乐上和肢体上的；25 岁的时候，在演艺事业上要不断进行学习和思考。在音乐方面一定要有很棒的作品才开始录音；27 岁的时候，除了接拍各种名导演的戏以外，一定还要有一个完整的音乐作品，可以拿给很多很多的唱片公司听；在 28 岁时成为最好的女演员，同时可以发行一张属于自己的音乐专辑。她按照她的一个接一个阶段目标着手为自己的理想准备着，用行动完成了自己的梦想。

成功人士的经验告诉我们，不仅要有明确的目标，而且要把目标分成阶段性的目标，让它们符合自身的实际情况，让自己在奋斗过程中看到希望所在，才能够保持热情，保持自信，持之以恒地向前走。而不会因为距离目标太遥远、看不到成功的希望而心灵疲惫，甚至放弃。

任何一个人，要想少走弯路、少浪费资源，就要尽早明确符合自己的目标，把宝贵的资源用在追求自己的目标上，这就是谋胜的策略和行动。目标符合自身条件越早，资源浪费越少，成功的可能性就越大。

他是一名记者，却立志要为这场战争做出贡献。第二次世界大战的时候，他离开安逸的办公室，来到战火最为激烈的印度和缅甸交界处进行采访，想要用自己的笔和相机记录战争最真实的一面。而战争的残忍永远超出我们的想象，当地恶劣的生活环境给他的身体带来了巨大的伤害，英国军队要求他立刻返回国内进行治疗。于是他搭乘一架运输机，想要返回伦敦，可怕的事情就在此时发生了。当他搭乘的运输机飞行到一半时，遭到了敌军的袭击，虽然驾驶员四处躲闪，却因为飞机上并无武器可用，最后飞机面临坠毁的厄运。

他从未接受过正规的军事训练，在战场上奔走的这几年所学到的自救知识让他明白此刻必须跳伞。绑好了降落伞之后，他纵身一跃，从天空之中徐徐下降。但他无法控制降落伞飘落的方向，最后落在一片丛林之中。

从昏迷中醒过来之后，他一度以为自己已经到了地狱，这里的树林遮天蔽日，虽然听不见枪炮的声音，但却寂静得如同无人世界。沿着林中的小径慢慢摸索，越过了不知道几个山沟之后，他终于找到了一个小小的村落。这里聚居着一群远离城市的猎人，他们告诉他：距离这里最近的镇子有240千米远。

听到这个消息的时候，他觉得自己的双腿一阵发软。从飞机上掉下来到现在，他第一次感到绝望，感到自己浑身没有力气。之前纵然是受伤的时候，他也知道自己可以到达终点，所以并不会有多慌张。但此时，这个消息就像是抽走了支撑他的最后一根支柱，信心在瞬间开始摇晃起来。“我还能活着出去吗？还能支撑到镇子上去求救吗？”

240千米对他来说是一个噩梦，城市的生活早已让他习惯了以车代步，双腿所接受的锻炼无法承受这样的挑战。远方那个镇子是可以让他活下去的地方，只有到了那里他才能打电话或找到军方求助，但现在看来那个目标有点可望而不可即。纵然内心已经开始弥漫一种绝望的气氛，他还是决定出发了。如果不走出去，他必然会死在这个山寨之中；如果走出去，也许还有一丝活下去的希望。正是这份希望支撑着他，让他开始迈动疲惫的双腿。他一瘸一拐地挪动着，心里盘算着怎样才能用最省力的办法走出大山。当他翻过一个山头，回头望向自己来时的路，广阔的视野让他眼前一亮，不知不觉自己居然已经翻越了一座山，算下来那可是一段不短的距离。站在山巅朝着远方看去，虽然道路弯弯曲曲，但似乎距离并不是很远。这一点儿小小的鼓舞让他觉得力气又回到了自己的身上，他对自己说：“朋友，要好好加油，再走几千米，到下一个山头的时候你就又赢了一点儿！”

当他感到口干舌燥的时候，抬头朝前望去，自己当作目标的那个小山头居然已经近在眼前。他忍不住开心地大笑起来，朝着山谷大喊着：“你可以！你能做到！”山谷里传来的回声也带着喜悦，朝他喊着：“你能做到！”下一个目标是在山顶看见的一个山坡，那里有一眼泉水，他可以在那里稍作休息，喝一点水。于是，他对自己说：“等到下一个目标完成的时候，你就可以受到奖励了！要加油啊！”

再一次迈动脚步的时候，虽然疲惫的程度在增加，可是他的心情居然越来越轻松，因为他知道自己即将躺在树荫下喝着清冽的泉水，享受一下旅途之中短暂的快乐。

就这样，他只要求自己走出一千米，到达下一个山头、下一个山头和再下一个山头。凭借这样的方式，当他终于抵达小镇的时候，所有的人都感到非常惊奇。接到电话的军方人员以为他已经殉职，甚至将他去世的消息用电报发回了国内。

回到英国之后，他的事迹广为流传，他也成为年轻人争相效仿的偶像。“不要给自己太大的压力，只需要走完下一千米，你就能更接近自己的目标，并最终完成一个不可能的任务。”这句话曾经是他的一个小小念头，而现在却成了英国年轻人的座右铭。

战争结束之后，一切都归于正常，百废待兴，他也要开始寻找新的工作。由于战争给经济带来的巨大创伤，很多企业都倒闭了，报社也关门了，导致失业人数非常多。经过一段时间的寻找之后，终于有一个广告公司愿意聘用他，请他撰写广告。这个工作并没有签订任何合同，老板只是要求他每天都写一个广告出来，而他也是这么做的。

过了一段时间，老板检查他的工作时，赫然发现他是所有人中业绩最好的一个，居然写了整整1000个！“你是怎么做到的？很多人写不了几天就会因为枯燥而放弃这份工作，可你居然能写这么多，是我见过写得最多的人！”老板不解地问。

他谦逊地说：“其实我也没有什么诀窍，不过是要求自己每天必须要写一个出来。我并没有想过要写1000个，如果这样想也许我也会完不成。”由于出色的表现，他获得了广告公司老板的重用，并逐渐成为战后广告界屈指可数的成功人士之一。这个人的名字叫作西华·莱德，不仅曾经是一个战地记者，更是一个成功的作家。

有目标是好事，目标不仅是激励我们前行的希望之灯，更是引导和督促我们奋进的成功保证。可如果我们“倒行逆施”，把目标定得过于难以企及，这一切不但会适得其反，而且会让我们得不偿失。

智慧锦囊

不要订微不足道的计划，因为它没有使人热血沸腾的魅力。

——美国谚语

不必因循守旧

没有一成不变的事物，也没有放之四海而皆准的真理，必须变化地去看事物。抱着旧观念、旧框框去看待新事物，必然是行不通的。

可怜的驴子背着几袋沉甸甸的盐，累得呼呼直喘气。突然，眼前出现了一条小河，驴子走到河边冲了冲脸，喝了两口水，这才觉得有了力气。它准备过河了，河水清澈见底，河床上形状各异的鹅卵石光光的，看得清清楚楚。驴子只顾欣赏美景，一不留神蹄子一滑，摔倒在小河里，好在河水不深，驴子赶紧站了起来。奇怪！它觉得背上的分量轻了不少，走起来再也不感到吃力了。

驴子很高兴："看来，我得记住，在河里摔一跤便会轻许多！"

不久，又运东西了，这次驴子驮的是棉花。前边又是那条小河，驴子想起了上次那件开心的事，心里真是高兴："背上的几袋东西虽说不重，可再轻一些不是更好吗？"于是，他喝了几口水，向河里走去。到了河心，它故意一滑，又摔倒在小河里。这次驴子没有马上站起来，因为棉花遇水太沉了，比那些盐袋要沉好几倍呢！

要办好一件事，不能因循守旧。一个最重要的问题，是要能够对事物做出准确的判断，在认识上不能犯错误。对形势的判断、对阶段的判断、对事物的判断，特别是对规律的认识要准确。

过去有一个卖草帽的老人，走过一片树林时有些疲倦，便戴上一顶草帽遮着太阳，靠在一棵树根边睡了一会儿。一觉醒来，发现自己篮子里的草帽被一群猴子抢光了，猴子们都戴着草帽玩得很开心，那可是老人辛苦编织用来养家糊口的，老人很着急，但急中生智，知道猴子喜欢模仿人的行为，便取下自己头上的草帽扔在地上。猴子们果然也学着老人摘下草帽扔在地上，老人连忙从地上一个个把草帽捡起来，避免了一大笔经济损失。

许多年后老人的孙子也继承祖辈的手艺，靠卖草帽为生。有一天同样走过这片树林，有些疲倦，便戴上一顶草帽遮着太阳，靠在一棵树根边睡了一会儿。一觉醒来，同样发现自己一篮子草帽被一群猴子抢光了，老人的孙子想起爷爷当年的故事，便取下自己头上的草帽扔在地上，希望猴子们也学着自己摘下草帽扔在地上，可这次猴子却立即把他扔在地上的草帽捡起来也拿走了。老人的孙子很惊讶，问道：“你们怎么不扔草帽还捡我的？”捡草帽的猴子耻笑他说：“傻子，你以为只有你有爷爷呀？”

智慧锦囊

所有的保守派都是由于自身有着缺陷。他们因为地位或本性而是优柔怯懦的……只能像残疾人那样地采取守势。

——爱默生

说一尺不如行一寸

世界著名的大提琴手巴布罗·卡沙斯在取得举世公认的艺术家头衔之后，依然每天坚持练琴6小时，养成了“行动再行动”的良好习惯。有人问他为什么还要练琴，他的回答很简单：“我觉得我仍在进步。”

一个成功者想继续成功就得这么做，因为世上的事物没有绝对的成功，只有不断地努力，才能不断地进步。进步是没有终点的，就像旅行的过程，必须一站一站地往前走，一旦停止不前，不再去努力，不再全力付诸行动，成功的列车就会把你甩得远远的。

爱迪生75岁时，依然每天准时到实验室里签到上班。有个记者问他：“你打算什么时候退休？”爱迪生装出一副十分为难的样子说：“糟糕，这个问题我活到现在还没来得及考虑呢！”

爱迪生活了84岁，一生的发明有1100多项。对自己成功的原因，他曾这么说：“有些人以为我在许多事情上有成就是因为我有什么天才，这是不正确的。无论哪个头脑清楚的人，只要他肯努力行动，都能像我一样有成就。”

爱迪生的名言是："天才是百分之一的灵感加百分之九十九的汗水。"汗水就是行动，行动就是努力。在任何一个领域里，不努力去行动的人都不会获得成功。就连凶猛的老虎要想捕捉一只弱小的兔子，也必须全力以赴地去行动，不行动、不努力就捕捉不到兔子。

传说有个技艺高超的匠人，曾给老板建造过不少质量好、风格别致的房屋。他退休时，老板舍不得他走，问他是否愿意在退休前再最后建造一幢房屋。老匠人答应了。可不久大家都发现老匠人的心已经不在工作上了，手艺也变得拙劣了。老匠人完工后，老板把大门钥匙交给了他，并说："现在这是你的房子了，是我送给你的礼物。"

这对老匠人来说是多大的震惊，多大的羞愧！如果他当时知道他是在给自己建造房屋，他会干得完全不一样。而现在，他将不得不住在自己马马虎虎建造起来的房子里。我们有些人何尝不是这样？漫不经心地做事，马马虎虎地工作，不愿付诸行动，不愿竭尽全力，结局和这位老匠人一样，是自己糟践自己。

人人都想成功，为什么有些人总是错过成功的机会？就是因为行动被拖延偷走了。拖延是个专偷行动的"贼"，它在偷窃你的行动时，常常给你构筑一个“舒适区”，让你早上躺在床上不想起来，起床后什么也不想干，能拖到明天的事今天不做，能推给别人的事自己不干，不懂的事不想懂，不会做的事不想学。它让你的思想行动停留在这个“舒适区”里，对任何舒适以外的思想行动都觉得不舒服、不习惯。这个“贼”能偷走人的行动，同时也能偷走人的希望、健康、成功。

有的学生遇上难题没有及时问老师，后来问题越来越多，成绩越来越差；有的商人因没能及时做出关键性的决定而痛遭失败；有的病人延误了看病的时间，给生命带来无法挽救的悲剧。

20世纪50年代，廖先生在农村教书时，学校不远处有一排窑洞，有个姓马的老汉就住在窑洞里，他喜欢靠在窑洞门口晒太阳。有人指着他的破窑洞说：“你的窑洞该修了。”

马老汉说：“我打算明年春上修。”第二年春上他仍然懒洋洋地靠在窑洞门口晒太阳。有人又对他说：“你窑洞顶上裂了缝，快修吧！”

马老汉又说：“等麦收了一定修。”麦收了他又改变了主意，又想等收了秋田再动工。秋田收了，他仍没有动工修窑洞的意思。人算不如天算，结果一场大雨，窑洞倒塌了，马老汉被活活地埋在了废墟里。

拖延这个“贼”虽然能偷走行动，但是积极的行动也能制服这个“贼”。最好是在这个“贼”在把你的时间偷走之前，就采取行动逮住它。

当你准备做一件事时，这个“贼”会对你说：“明天再干吧！”这时，你要马上提醒自己：“今天能做的事，决不能拖到明天。因为这个明天遥遥无期，会变成明天的明天，永远不会来临。”

当你面临困难和挫折时，这个“贼”会找出许多理由让你停下来。这时，你要马上提醒自己：“成功不会等待任何人，我如果犹豫不决，她就会被许配给别人，永远弃我而去。”

当别人埋头苦干时，这个“贼”会引诱你袖手旁观，吹毛求疵。这时，你要提醒自己：“立即行动，马上动手，决不用评说别人来掩饰自己的无所作为。”

奥曼是美国一位成功的作家，他常常告诫自己：“我要采取行动，我要采取行动……从今以后，我要一遍又一遍，每一小时、每一天都要重复这句话。有了这句话，我就能够实现我成功的每一个行动；有了这句话，我就能够制约我的精神，迎接失败者躲避的每一次挑战。”

一个人想奔向自己的目标，追求自己的成功，就应该立即行动。“立即行动”是自我激励的警句，是自我发动的信号。它能使你勇敢地驱走拖延这个“贼”，帮你抓住宝贵的时间去做你不想做而又必须做的事。

“说一尺不如行一寸”。任何希望任何计划最终必然要落实到行动上。只有行动才能缩短自己与目标之间的距离，只有行动才能把理想变为现实。做好每件事，既要心动，更要行动。如果只会感动羡慕，不去流汗行动，那么成功就是一句空话。

世上没有任何事情比下决心、立即行动更为重要、更有效果。因为人的一生可以有所作为的时机只有一次，那就是现在。所以，请立即行动。

智慧锦囊

幸运降临给那下定决心而行动的人，什么时候开始懒惰，幸运就告别。

——印度谚语

慢慢地走，稳稳地走

有些事情是不能急功近利的，因为它需要一个过程，有其内在的规律性，有时越想快反而越慢，甚至直接导致失败。

明朝时期，有一位儒生带着书童进城。在当时，天黑之后城门就要关上，限制人的出入。眼看天色已晚，儒生非常着急，可是他们却又被一条河拦住了去路。儒生四处观望，发现不远处有一个老翁划船路过，儒生赶紧求老翁把他们送过河去，老翁同意了。过了河之后，儒生担心地问老翁："我们能否在天黑之前进城呢?"

老翁看书童挑了一担子书，就说道："你们若是徐徐而行，还可以在城门关闭之前到达；若是急急忙忙赶路，恐怕就不能在城门关闭之前赶到了。"

儒生一听，觉得老翁说话颠三倒四，快走到不了，慢走怎么能到呢?

于是，他没有听信老翁的话，催促书童加快脚步，一定要在天黑之前进城。书童挑着担子急匆匆地跟着主人走，却没注意脚下，一不小心被石头绊倒了，担子摔出老远，捆书的绳子也断了，书籍散了一地。书童赶紧爬起来重新收拾好书籍，把绳子接上，再把书捆好，这就浪费了很多时间。等书童挑上书，跟随儒生赶到城下时，发现城门已经关闭了。

儒生和书童想快点赶路，但是因为求快而在忙乱中失误了，结果不但没快反而更慢了。现在人都非常渴望快速成功，树立了一个目标之后，恨不得立刻就实现。

在做事时追求速度，认为速度与效率是等同的。在速度“挂帅”的前提下，人人不再脚踏实地、按部就班，处处显得毛躁马虎、急功近利。结果往往事与愿违，欲速则不达。

调查结果显示，那些参加经理速成班、作家速成班的人，真正成为经理或作家的人并不多见。有些事情需要一个积累的过程，要厚积才能薄发。可是现在的人们，心情浮躁，常常想找“捷径”，想搞一些成功上的“大跃进”，不能忍受积累、锻炼的过程。然而，许多好的东西都是经过长时间磨炼而得来的，许多本事也是如此，那些“身怀绝技”的人，都是经过长时间的磨炼造就的。

有一个宴会高级设计师，他设计的宴会得到参加者一致的好评。可是在成为一个设计师之前，他在一家普通饭店的厨房里工作了好几年，积累了很多经验。后来，他有幸进入了一家有名的大饭店，跟随一个师父学汁酱调配近三年。经过不断的努力，他调得一手好汁酱。经过多年的实践经验，他对厨房各个方面的工作都很精通，师父告诉他说："你应该将过去所学的东西全部收起来，做一番事了。"听了师父的话后，他找到了一家厨房主管的工作，后来成为了一名成功的宴会设计师。

许多成功者都是如此，他们经过很长时间的积累，学到了经验，摸索出规律，掌握了相关的知识，而后自然就取得了成功。所以，有些时候，我们做事时不能心态浮躁，要求"立竿见影"，一定要经历一个积累的过程，厚积薄发，稳中求胜，这样才能一步一步地走向成功。

作家周宁说："慢慢地走，稳稳地走，总有一天，你会发现自己是那走得最远的人。"但愿我们都能克服自己急功近利的心态，争取做那个走得最远的人。

智慧锦囊

竹子是一节一节长起来的，功夫是一天一天练出来的。

——曾国藩